감각 있는 공간을 만드는

소품 인테리어

detail interior

소품 인테리어

지은이 　캐럴라인 클리프턴 모그
옮긴이 　오윤성
펴낸이 　한병화
펴낸곳 　도서출판 예경
편　집 　이나리
디자인 　마가림

초판 인쇄 　2013년 12월 16일
초판 발행 　2013년 12월 23일

출판 등록 　1980년 1월 30일 (제300-1980-3호)
주소 　서울 종로구 평창2길 3
전화 　02-396-3040~3 팩스 02-396-3044
전자우편 　webmaster@yekyong.com
홈페이지 　http://www.yekyong.com

ISBN 978-89-7084-513-5(13590)

All in the Detail © Caroline Clifton-Mogg 2011
Korean translation copyright © 2013 by Yekyong Publishing Co.

이 도서의 국립중앙도서관 출판시도서목록(CIP)은 e-CIP홈페이지(http://www.nl.go.kr/ecip)와
국가자료공동목록시스템(http://www.nl.go.kr/kolisnet)에서 이용하실 수 있습니다.
(CIP제어번호: CIP2013025920)

감각 있는
공간을 만드는

소품 인테리어

detail interior

예경

contents

머리말

"하느님은 디테일에 계신다God is in the details." 건축가 미스 반 데어 로에가 했다는 말입니다. 모든 요소들은 그 공간에 가장 적합한 것으로 선택되어야 한다는 것을 강조한 말이지만, 좀 더 넓게 해석하면 방 한 칸을 꾸미더라도 장식과 배치에 시간을 들여 가장 사소한 부분까지 완벽하게 만들라는 뜻으로 볼 수 있습니다(고급 드레스에 올 풀린 스타킹을 신는 것을 상상해 보세요. 사소해 보이는 스타킹 때문에 드레스의 아름다움마저 망치게 됩니다.). 따라서 "하느님은 디테일에 계신다."는 말은 디테일에 주목했을 때 비로소 더 큰 문제를 해결할 수 있다는 말로도 풀이됩니다.

새로운 장소로 이사를 할 때는 초반에 결정해야 할 중대한 사안들이 한둘이 아닙니다. 우리는 집에 적절한 소파와 테이블을 찾아다니고, 주방 가구와 설비를 고르고, 마음에 꼭 드는 욕실 디자인을 둘러보는 데 많은 시간을 씁니다. 인테리어 공사는 큰 돈이 걸린데다 처음에 제대로 하지 않으면 나중에 문제가 생기게 되므로, 하나하나의 선택이 정말 중요합니다. 큼직한 가구가 결정된 후에는 공간에 어울리는 색으로 벽을 칠하거나 주방을 구석구석 정리하고, 가구들을 제자리에 맞게 배치한 다음 커튼과 블라인드를 걸어야 합니다. 그런데 이러한 일들을 다 해내고 나서도 딱히 꼬집어 말할 수 없는 무언가가 빠져 있다는 느낌이 듭니다. 바로 집을 집답게 만드는 마무리 손길, 즉 '디테일'이 빠져 있기 때문입니다.

이 책에서 주로 다루는 내용은 건축적인 부분이 아닙니다. 물론 건축은 공간 인테리어의 중요한 사항이지만, 지금 우리가 초점을 맞추고 있는 것은 장식적인 부분입니다. 그리고 이 책에서 소개할 장식법은 우리가 흔히 떠올리는 야단스러운 장식과는 전혀 다릅니다.

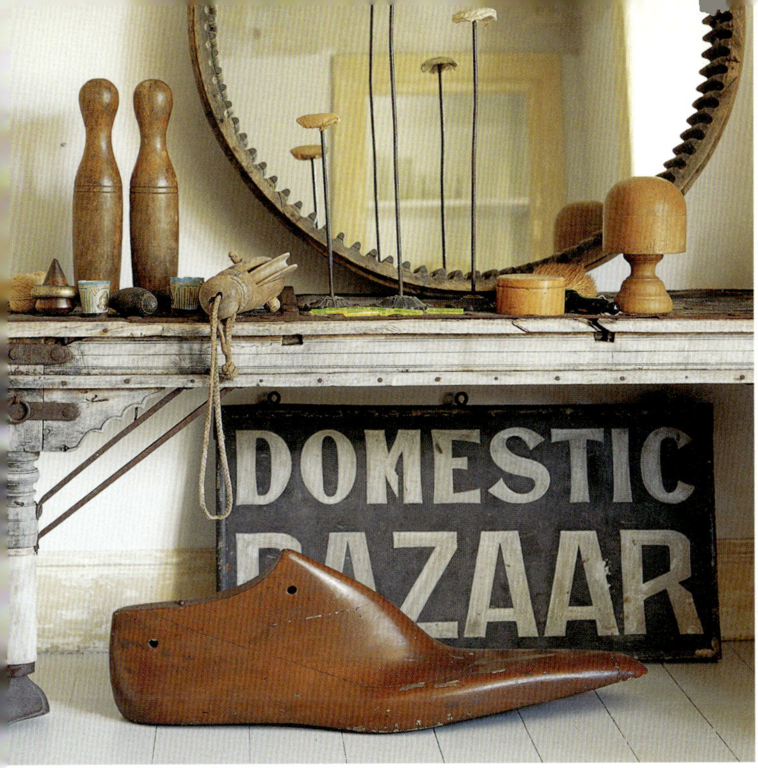
DOMESTIC
BAZAAR

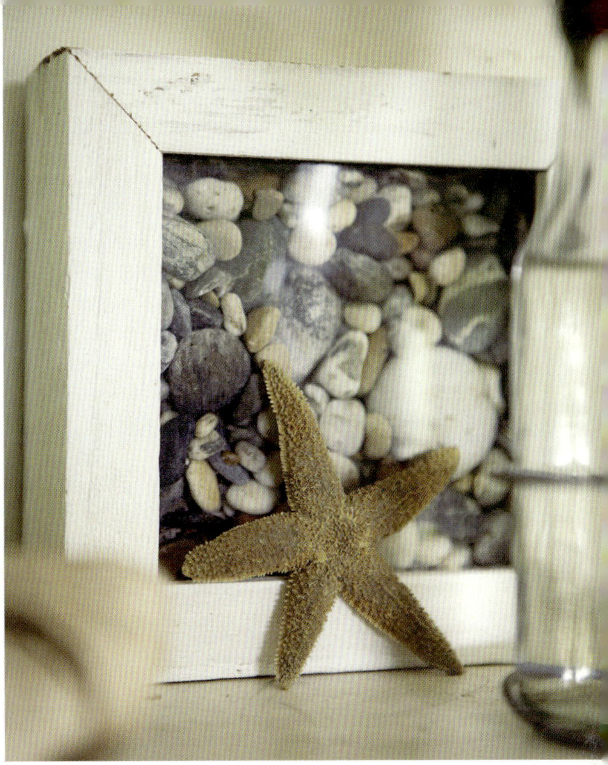

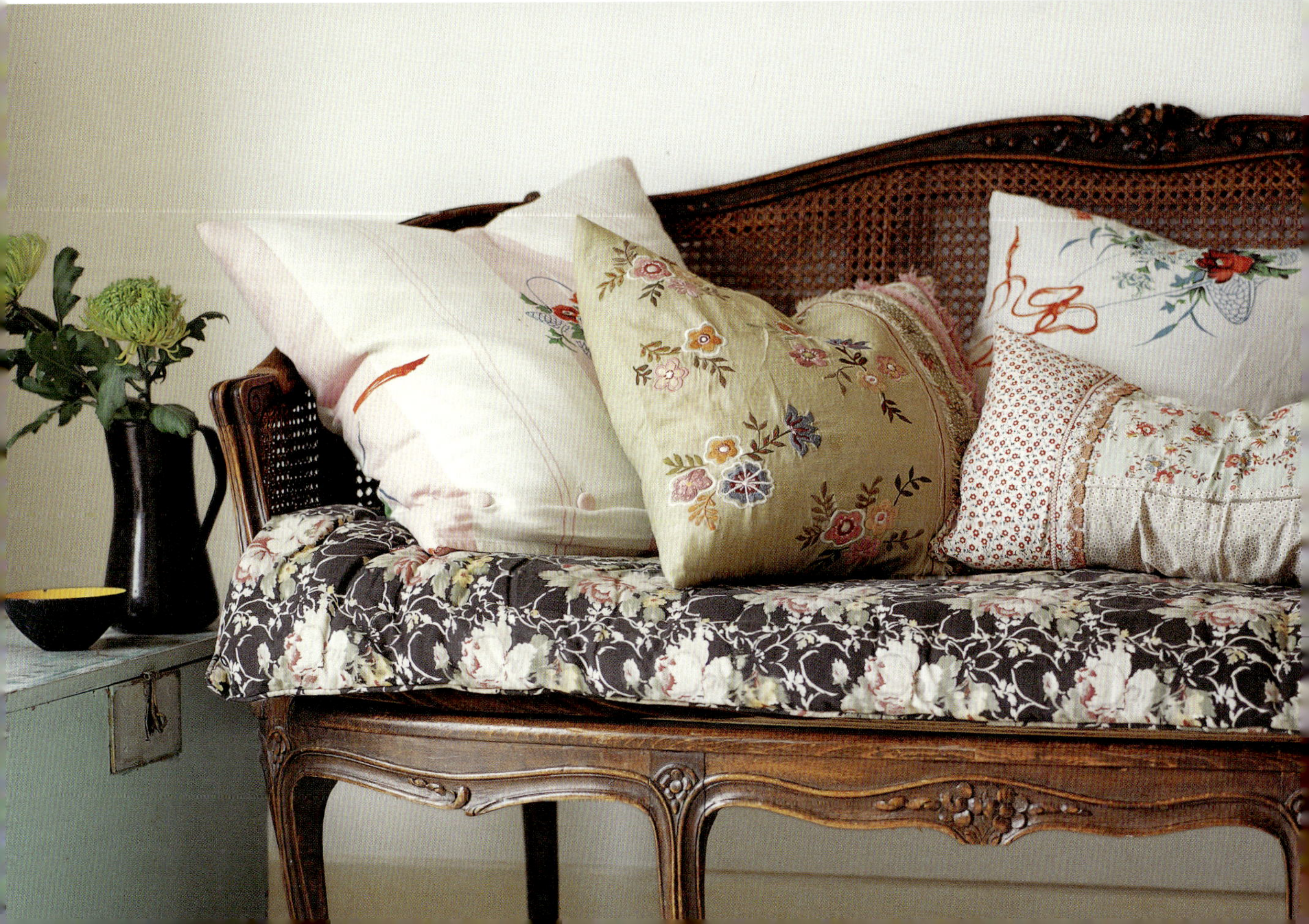

사전을 찾아보면 '디테일'은 '작은 물품, 특색'이라고 되어 있습니다. 이것이 바로 장식적인 디테일의 핵심입니다. 우리가 이 책에서 다루게 될 디테일은 방의 분위기를 살리는 작고 독특한 소품입니다. 그림, 거울, 책, 도자기, 장난감, 쿠션 등 얼핏 중요하지 않은 물건처럼 보이지만 실은 인테리어의 완성도를 높이는데 무엇보다도 중요한 역할을 하는 요소들입니다.

우리는 누구나 나만의 책이나 찻잔, 여러 물건들을 가지고 있지만 때때로 그것의 존재조차 의식하지 못합니다. 너무나 일상적인 소유물이기 때문이지요. 그중에는 직접 산 것도 있고 선물 받은 것, 또는 물려받은 것이나 빌린 것도 있습니다. 이러한 물건들은 우리 생활의 일부를 이루며, 우리가 어느 곳에서 살든 함께하게 됩니다. 따라서 이러한 물건들은 그것을 어떻게 사용하는지를 통해 나라는 사람을 증명한다는 점에서 매우 중요한 의미를 지닙니다. 그럼에도 불구하고 대부분의 사람들은 물건들을 집 안 아무 데나 거의 무작위로 방치해두곤 하지요. 그러다 누군가의 집에 가서 똑같은 물건이 멋지게 장식된 모습을 보면, 어서 집에 가서 내 물건들을 다시 배치해보고 싶다는 의욕을 느끼게 됩니다.

그렇게 집에 돌아왔을 때, 여러분이 할 일은 다음과 같습니다. 자신의 물건을 이용해 자기 주변에 개성을 입히는 것, 즉 손님으로 하여금 당신이 어떤 사람인지, 당신의 취향과 호불호가 무엇인지 느끼게 할 수 있는 독특한 정체성을 불어넣는 것입니다. 집은 물건에 의해 규정됩니다. 자기가 그 물건을 좋아하든 싫어하든 상관없이 물건이 그 공간을 나타내지요. 마찬가지로 우리 자신도 물건에 의해 규정됩니다. 장담하건대, 여러분 집에 처음 온 사람이 가장 먼저 알아보는 것은 주방의 붙박이장이나 새로 꾸민 욕실 같은 반영구적이며 거대한 부분이 아닙니다. 그보다는 그림과 사진, 그리고 그것이 함께 걸려 있는 모습을 보지요. 또한 장식품, 선

반에 쌓인 책, 식탁 위의 작은 꽃을 먼저 봅니다. 그리고 바로 이러한 것들이 집주인인 여러분의 안목을 판단하는 근거가 됩니다. 소품을 통해 공간 구석구석에 숨겨진 여러분의 감각 있는 장식 솜씨가 드러나겠지요.

이러한 이유로 여러분이 아끼는 물건들을 집안에 멋지게 배치하는 것이 얼마나 중요한지를 알 수 있습니다. 만약 집주인의 개성이 담긴 물건이 없다면 그 집에는 어떠한 개성도 나타나지 않을테고, 그렇게 되면 자연히 견본 방이나 모델하우스와 다름 없어 보일 것입니다. 여러분이 자신의 책과 사진, 그림, 쿠션과 같은 소품들을 꺼내어 제자리에 둘 때 비로소 그 집이 진짜 여러분의 집이 되는 것이지요.

처음 집에 이사를 왔을 때 이미 구조와 인테리어 문제로 한차례 고민을 했을테니 뼈대, 즉 방의 기본 골격은 이미 갖추어져 있을 것입니다. 이제 그 위에 디테일을 더함으로써 공간에 숨결을 불어넣고 여러분의 표식을 새길 차례입니다. 사람들은 의외로 자기 주변에 어떤 물건이 있는지 잘 모르고, 평범한 물건이 지금보다 훨씬 아름답게 보일 수 있다는 것도 모르는 경우가 많지요. 하지만 알고 보면 우리는 모두 수집가입니다. 무늬가 있는 주전자라든가 오래된 사진 같은 것도 좋습니다. 겨우 두 개뿐인 컬렉션일지라도 그 물건을 어떻게 배치하느냐에 따라 물건에는 생기가 돌고, 그 물건이 놓인 공간에도 생명력이 나타나게 됩니다.

지금까지 디테일의 중요성과 그 가치를 실현하는 방법에 대해 알아보았습니다. 앞으로 우리는

소품의 배치와 배열, 적절한 비례에 관한 원칙들, 그리고 물건을 가장 눈에 띄게 편집하는 방법(예컨대 어떤 종류의 오브제는 몇 개만 내놓고 일정 시기마다 교체하면 좋다는 식의)에 관한 원칙들에 대해 알아볼 것입니다. 종류가 다른 여러 물건을 가장 효과적으로 조합하는 방법과 방의 '초점'이 가지는 중요성, 색채를 가장 효과적으로 사용하는 방법 등에 대해서도 소개할 것입니다.

그림이나 거울을 거는 방법에 대해 자세히 알아본 다음에는 쿠션, 소파 덮개, 전등갓, 방의 분위기를 다정하고 부드럽게 만들어주는 꽃과 식물 등 휴식 공간의 소품에 대해서도 살펴봅시다. 수백 년간 쓰인 장식품인 도자기와 유리 소품의 활용법을 알아보고, 최근 장식물로서 더욱 환영받는 벽난로와 선반에 대해서도 그 가능성을 찾아보도록 합시다.

집안의 소품은 그 매력을 충분히 살릴 수 있도록 섬세하게 배치되어야만 합니다. 소품 인테리어는 여러분의 공간을 즐겁고 따뜻한 분위기로 완성합니다. 그 이유 하나만으로도 이 책의 내용을 시도해볼 가치는 충분하지 않을까요!

그림 · 거울 · 벽

PICTURES, MIRRORS AND
OTHER WALL ART

방에 개성을 불어넣고자 할 때 많은 이들이 가장 먼저 찾는 소재는 바로 그림과 사진입니다. 하지만 그림이나 사진을 벽에 거는 일은 생각보다 훨씬 까다롭답니다.

그림을 거는 방법

그림에는 무게감 있는 유화, 섬세한 수채화, 판화, 드로잉, 스케치 등 여러 종류가 있습니다. 그런데 그림을 그리는 것뿐만 아니라 이를 벽의 공간에 배치하는 것 또한 기술입니다. 때때로 이는 예술에 가까운 작업이 되기도 하지요. 흔히 사람들은 그림을 아무렇게나 걸어도 된다고 생각합니다. 하지만 그림이나 사진을 '제대로' 걸려면 색다른 질서를 만드는 솜씨를 발휘해야 합니다.

　　주위를 둘러보면 그림을 달랑 하나만 외따로 거는 경우가 너무 많습니다. 그러다 나중에 또 다른 그림이 생기면, 처음에 걸었던 그림 옆에 공간이 있다는 이유만으로 아무 생각 없이 배치하는 경우가 대부분이지요. 그래서는 두 그림 사이에 어떤 시각적인 연결성도 존재하지 않게

1. 다양한 형태와 크기의 개 그림을 독특하게 배열한 컬렉션. 중앙의 가장 큰 액자 위에 다섯 개의 액자가 겹쳐 있다.

2. 그릇이 그려진 그림 한 점이 실제 오브제들 위에 걸려 있다.

3. 액자들을 벽에 대강 배치한 것처럼 보이지만 실은 매우 섬세하게 겹쳐 연출한 것이다.

됩니다. 이러한 방식은 그다지 효과적이지 않습니다. 당연합니다. 실내 장식에서 모든 요소는 적절한 비례를 이루도록 디자인되어야 하니까요. 이는 가구나 조명뿐 아니라 벽에 걸린 그림과 사진에도 똑같이 적용됩니다.

텅 빈 벽은 신나는 가능성의 장입니다. 깨끗한 배경 위에 보기 좋은 구도를 무궁무진하게 만들어낼 수 있지요. 벽을 하나의 캔버스 또는 미술관의 전시 공간이라고 생각해보세요. 그리고 스스로 생각하기에 가장 매력적이라고 생각되는 방식으로 작품을 걸어보세요.

그림으로 벽을 장식할 때는 연결 요소를 얼마나 강조했는지에 따라 성공 여부가 갈립니다. 이때 연결 요소란 주제일 수도 있고, 그림의 소재일 수도 있고, 액자의 크기나 색, 형태일 수도 있습니다. 하나의 공통분모를 찾아냈다면(어느 경우에나 반드시 하나의 연결성은 있기 마련입니다) 선택한 작품들을 정확한 구도 안에 넣은 다음, 철저한 계산 아래 배치하고 걸어야 합니다. 이 과정에서 연필과 줄자, 끈을 활용하면 좋습니다.

1. 파란색으로 칠한 침대 뒤편 벽에 그룹을 이룬 접시와 판화들이 같은 색채로 어우러져 있다.

2. 네 개의 연작 그림을 나무 탁자 길이에 맞춰 걸었다. 도자기 화분들까지 더해져 전체적으로 하나의 구도처럼 보인다.

3. 흰색으로 칠한 벽돌 벽에 연관성이 있는 그림들을 같이 걸어두었다. 그 아래 긴 테이블 위에 놓인 오브제들이 벽과 시각적으로 연결되어 있다.

여러 가지 식물 판화 작품을 아주 가까이 모아 정렬함으로써 시각적인 효과를 극대화했다. 또한 그림을 가능한 한 낮게 걸어서 식물이라는 주제로 이어지는 침대헤드 장식과 연결되도록 했다.

언뜻 보면 아무렇게나 배치한 것 같지만 모든 그림이 서로 연결되어 있다. 하나같이 밝고 다채로운 색상의 작품들로, 크기와 형태는 다르지만 모두 금박을 입힌 액자에 끼웠다.

1. 그릇과 식물, 그림의 색깔을 섬세한 손길로 연결했다.
2. 세 그림을 아주 밭은 간격으로 한데 배치하여 무게감을 만들어냈다. 따로따로 걸었으면 이런 효과를 낼 수 없었을 것이다.
3. 디자이너의 스케치를 하나의 블록처럼 모아 걸고, 그 아래에 그림과 어울리는 색의 유리 제품 컬렉션을 곁들였다.

　　절대 감각의 소유자가 아니고서야 그림을 처음부터 완벽한 구도로 벽에 직접 거는 것은 불가능합니다. 이럴 때는 쉽고 간단한 방법이 있습니다. 바로 바닥에 모든 그림을 펼쳐놓고, 자신의 마음에 드는 배치와 구도가 나올 때까지 위치를 요리조리 바꿔보는 것입니다. 이 단계에서는 구도를 간략하게 스케치해보거나, 아니면 사진기 등을 이용해 아이디어가 실제로 구현될 수 있는지 확인하세요. 중요한 것은 이미지를 병렬하는 것이 아니라 다양한 그림과 액자 사이에 공간을 만드는 것입니다. 각 그림 사이에 공간이 너무 작으면 너무 답답해 보이고, 반대로 너무 크면 허전해 보일 수 있습니다. 또한 액자의 두께에 따라서도 배치가 달라지고, 각 그림의 크기 역시 구도에 영향을 줍니다. 예를 들어 큰 이미지 주위에는 공간을 훨씬 더 널찍하게 주어야 합니다. 필요에 따라서는 벽 하나를 통째로 할애할 수도 있습니다. 반면 작은 그림들은 그룹을 지어주는 것이 좋습니다.

중앙의 그림 하나만으로도 충분한 존재감이 나타난다.
그 옆쪽에 비슷한 색조의 소형 캔버스를 두 개 배치하
고, 앞쪽 식탁의 테이블보와 그릇 역시 작품과 색을 통
일하여 중앙의 큰 그림이 더욱 돋보이도록 연출했다.

또 하나, 매우 중요하지만 자주 지켜지지 않는 법칙이 있습니다. 바로 그림들의 하단선이 벽 아래로 충분히 내려와야 한다는 것입니다. 주변 가구나 아래쪽 소품들과는 아무 관계도 없이 벽 위쪽에 어정쩡하게 걸려 있는 그림은 정말 보기 좋지 않습니다. 이 장에 수록된 모든 사진에서는 그림들이 적절한 높이까지 내려와 그 아래쪽 공간과 긴밀하게 연결되어 있는 모습을 확인할 수 있습니다.

특히 벽에 배치된 이미지가 그 아래에 있는 소품들과 긴밀한 맥락에 놓이게 하여, 공간에 삼차원 구도를 만들어내는 것이 좋습니다. 설명만 들으면 어렵게 느껴지지만 전혀 그렇지 않습니다. 우리가 일상적으로 하는 일들, 예를 들어 달걀을 삶거나 옷에 단추를 다는 일도 글로 읽으면 어렵지만 실제로 해보면 훨씬 쉬우니까요. 그림을 놓을 만한 공간을 주의 깊게 고르는 것만으로도 집 안의 분위기는 훨씬 세련되어집니다. 여러분 자신의 눈과 직감을 따르기만 하면 됩니다.

밝고 하얗고 기하학적인 분위기다. 그래픽 프린트를 흰색 액자에 넣고, 아래쪽에 있는 흰색 벤치와 탁자의 가로선에 맞추어 낮게 벽에 걸었다.

꽃 이미지를 한 쌍으로 배치했다. 벽에는 큰 그림, 그 아래 소파에는 작은 쿠션이 있다. 만약 쿠션을 두 개 배치했다면 과해 보였을 것이다.

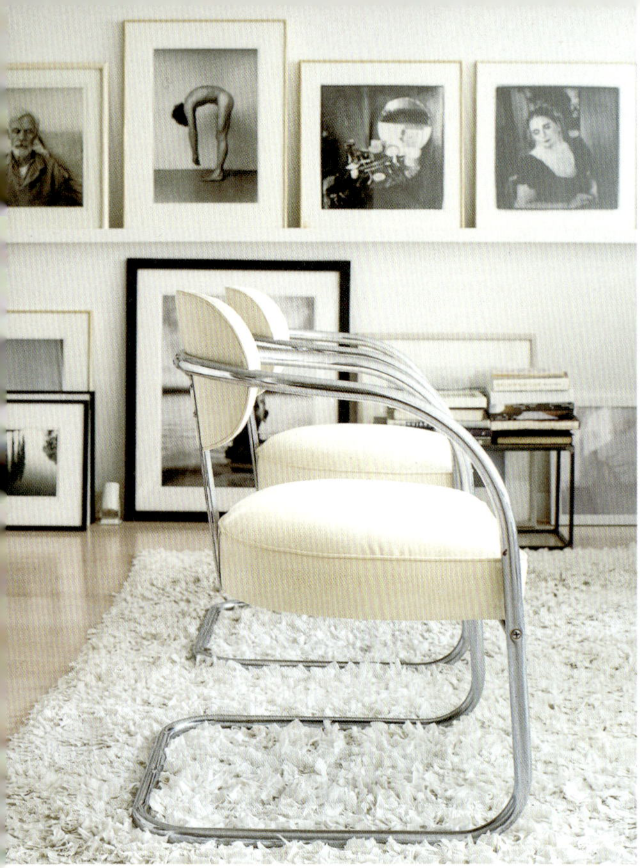

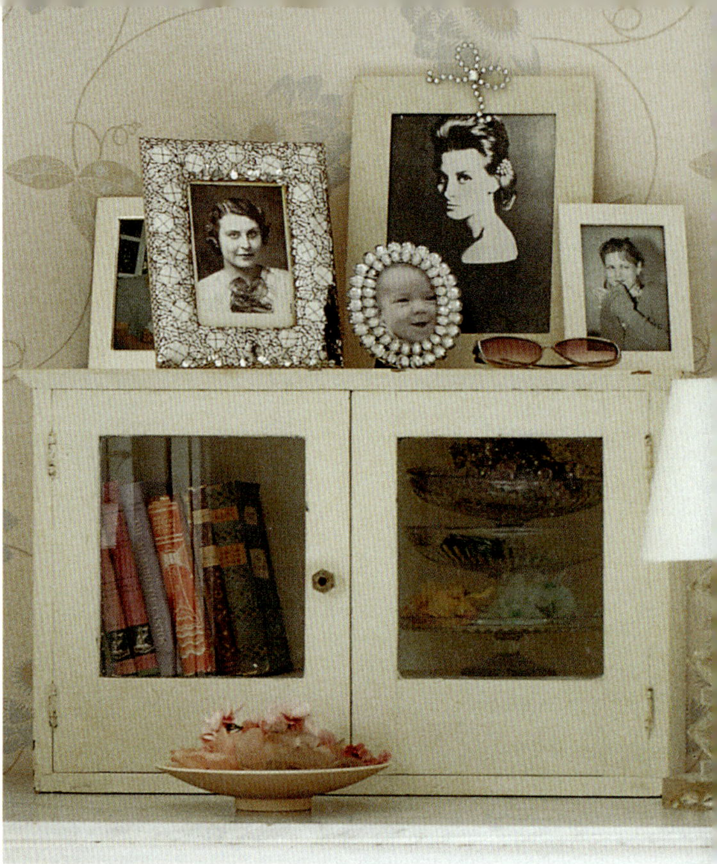

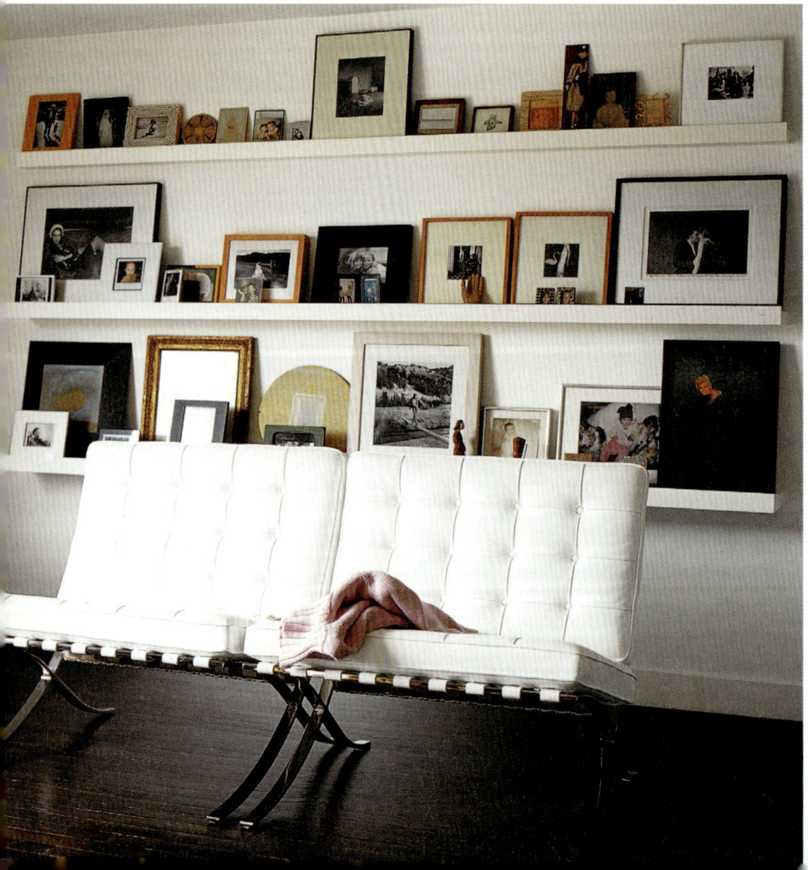

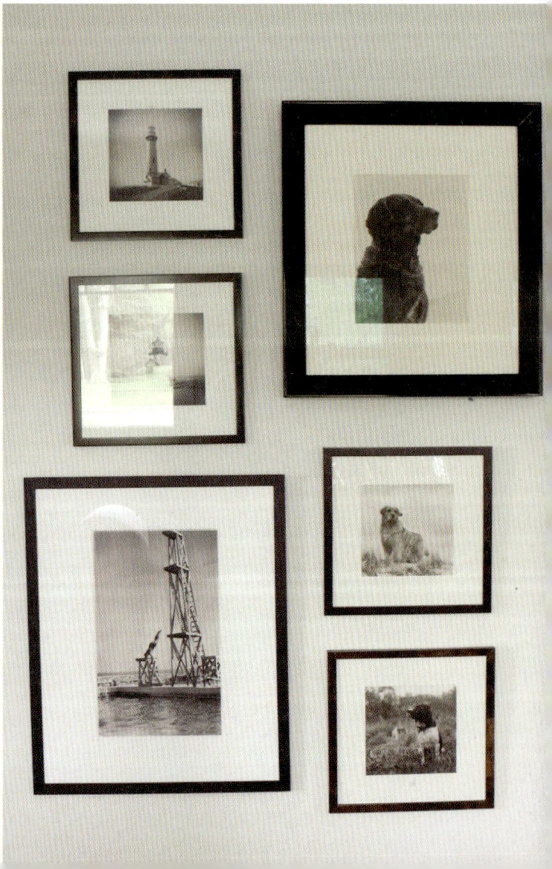

사진으로 장식하기

한 장의 사진에는 장식적인 그림이 주는 느낌과는 사뭇 다른, 인간적이며 정
서적인 매력이 담겨 있습니다. 사진은 살아 있는 사람이나 세상을 떠난 사람,
추억의 장면 등 우리의 과거와 현재의 순간들을 보여주기 때문이지요. 따라서
우리는 사진을 그림이나 조각 같은 예술작품과는 다른 방식으로 바라봅니다.
애정을 가지고 더 자세히 들여다보거나, 세부 요소들까지 꼼꼼히 확인합니다.
훌륭하게 배치한 사진은 그림보다 더욱 친숙한 분위기를 연출합니다. 사진은
보통 눈높이 이하로 배치하는 것이 좋으며, 여러 장이 한데 모여 있을 때 효과
가 커집니다. 거대한 앨범처럼 사진들을 살짝 겹치게 하는 방법도 좋습니다.

Tip!

● 사진을 꼭 벽에 걸어야 한다는 법은 없습니다. 선반, 탁자, 구석진 곳에 배치
　해보세요. 바닥도 사진을 여러 장 두기 좋은 장소입니다.

● 선반이나 바닥에 사진을 배치했다면 이따금 사진의 위치를 바꿔 중심이 되는
　사진과 사연에 변화를 주면 좋습니다.

● 사진을 배치할 때 컬러는 컬러끼리, 흑백은 흑백끼리 함께 두면 가장 조화로
　운 분위기를 연출합니다.

● 옛날 사진은 크기가 작은 경우가 많은데, 이것을 크고 장식적인 액자나 화려
　한 액자에 넣으면 오히려 시선을 끌어당길 수 있습니다.

● 시계나 보석 상자를 활용해봅시다. 금속이나 가죽 재질로 된 상자는 지지대
　없이도 크기가 작은 사진을 넣어 세울 수 있습니다.

여러 가지 테두리의 거울을 한데 모았
더니 근사한 장식 효과를 냈다. 전체적
으로 일관성이 있는 동시에 다채로운
형태가 흥미로운 구도를 이룬다.

옛날이야기 속에서 거울은 종종 마법이 깃든 물건으로 등장하곤 합니다. 말을 하는 거울이 있는가 하면, 궁금한 질문에 대한 답을 보여주는 거울도 있지요. 현실에서도 거울은 마법을 부립니다. 어떤 방이든 거울을 사용하면 공간에 신비로운 효과를 낼 수 있거든요.

거울의 마법 활용하기

우리가 쓰는 거울은 토끼나 계모가 등장하는 동화 속 마법의 거울과는 달리 '시각적인' 마법을 부리는 거울입니다. 방의 크기나 비율을 달라 보이게 만들기도 하고, 특정한 부분을 강조하기도 하며, 어둑한 구석에 빛을 넣어주기도 하지요. 이렇듯 실내 장식에서 거울은 빠질 수 없는 요소입니다. 그림만으로는 연출할 수 없는 공간의 깊이감이나 운동감을 만들어주기 때문입니다.

인간에게 거울은 언제나 특별한 물건이었습니다. 최초의 거울은 유리가 아니라 청동이나 주석, 은을 재료로 광택을 낸 볼록한 원판이었습니다. 금속판에 유리를 댄 거울은 13세기에 등장했습니다. 당시 거울은 매우 비쌌고 크기도 무척 작았습니다. 하지만 시간이 흘러 17세기부터는 실내 장식에서 거울이 중요한 역할을 하게 되었습니다. 당시 사람들은 거울 면을 이루는 유리만큼이나 거울 틀을 중요하게 여겼습니다. 그래서 거울 틀에 상아와 질 좋은 베니어판을 입히기도 했고, 조각장인 그린링 기번스는 거울을 환상적인 태양무늬로 장식하기도 했지요. 벽난로를 만들 때 그 위쪽 선반에 거울을 놓는 유행은 18세기에 로버트 애덤이 대중화한 것으로 19세기까지 이어졌습니다.

오늘날에는 거울의 용도나 모양이 더 다양해지긴 했지만, 거울의 배치는 여전히 중요한 문제입니다. 우리는 어떤 공간에 들어갈 때 가장 먼저 거울에 눈길을 주고, 그 다음으로 벽에 걸린 다른 요소들을 확인합니다. 그러니 거울이 같은 공간에 있는 다른 요소들을 방해하지 않도록 신경을 써야 합니다. 다시 말해 거울에 비치는 것이 다른 요소들과 잘 어우러져야 하지요. 벽에 걸기에 너무 큰 거울은 바닥이나 벽에 세워두면 좋습니다. 또한 거울이 달린 책상, 궤, 콘솔, 탁자 등을 침실이나 욕실, 거실에 놓으면 공간에 반사 효과를 가미할 수 있습니다. 틀이 있는 거울이나 가구 안에 설치되는 거울은 유리의 가공 상태가 다양하고, 검은색이나 청동색 유리부터 골동품 느낌의 유리까지 그 색조가 다채로워 보다 부드러운 느낌을 연출할 수 있습니다.

1

2

1. 크기가 작은 욕실에 다소 큰 거울을 무심한 듯 벽에 기대어두면 욕실이 넓어 보일 뿐만 아니라 장식 효과도 크다.

2. 반대편 벽의 커다란 포스터가 거울 안에 비치도록 위치를 섬세하게 조정하여 장식적이면서 실용적인 효과를 냈다.

3. 거울 두 개를 겹쳐 세웠다. 반사된 이미지들의 방향을 살짝 뒤트는, 흥미로운 분위기가 연출된다.

4. 테두리가 다양한 거울 여러 개를 한데 모아 배치하여, 욕실에 환한 빛의 요소를 가미했다.

틀에 흠이 있는 거울이라도 칠
을 새로 하면 다시 태어날 수
있다. 이곳에서는 큰 거울이 욕
조의 형태를 강조하고 공간감을
높이는 효과를 내고 있다.

은색으로 칠한 나무틀을 댄 커다란 거울이 전체 구도에서 매우 큰 비중을 차지하고 있다. 흰색 외의 다른 색상은 철저히 배제
하고, 거울의 형태와 반사만으로 분위기를 연출했다.

실제 도서관 사진이 인쇄된 벽지를 발랐다. '책으로 도배한' 방이다.

모자부터 주방용품까지, 서랍이나 찬장에 있던 소품을 활용해 다양한 오브제로 벽을 꾸며
봅시다.

다양한 소품으로 벽 장식하기

사람들이 벽에 무언가를 걸기 좋아하는 이유는 빈 공간에 집주인만의 개성을 불어넣을 수 있기 때
문입니다. 벽에 아무것도 걸려 있지 않은 방은 어딘가 죽어 있는 분위기를 내지요. 이사할 때 걸려
있던 그림을 뗐을 때 방이 어떻게 변하는지 떠올려보세요. 벽을 장식할 수 있는 물건은 생각보다
다양합니다. 그림과 사진은 늘 좋은 소재이지만 그 밖에도 다양한 범주의 물건들, 특히 원래는 장
식 용도로 만들어지지 않은 물건들까지도 벽과 방을 돋보이게 할 수 있습니다. 지도나 다양한 직
물, 공예품, 조각보나 숄, 눈길을 끄는 아름다운 직물, 엽서, 얕은 양각의 석고, 접시와 그릇 등 여
러분의 마음에 드는 것을 가져와 방의 다른 요소들을 고려하면서 조화로운 구도로 배열해보세요.

엽서와 투박한 장신구, 인쇄물을 한곳에 모았다.
무작위인 것 같지만 사실 색감이나 형태를 꼼꼼
하게 계획하여 배치한 것이다.

아름다운 직물은 걸어만 두어도 보기에 좋다. 자수를 놓은 비단의 너비를 아래 소파의 폭에 정확히 맞추었다.

1-2. 지도의 아름다움과 낭만은 접힌 상태에서는
거의 느낄 수가 없다. 오래된 지도를 부분으로 나
누고 액자에 넣어 벽 전체를 채웠다. 이렇게 하면
지도의 복잡한 세부 사항까지도 들여다볼 수 있다.

거실 장식과 조명

LIVING

1. 특이하고 개성적인 소품들을 모아 섬세하게 구성한 장식. 흰색으로 칠한 수수한 벽난로 위라서 더욱 돋보인다.

2. 강렬한 분위기의 그림에 들어 있는 화려한 오렌지색과 노란색이 아래쪽의 도자기 컬렉션으로 이어지며 한층 부각되고 있다.

3. 이 방은 벽난로가 벽에서 상당히 큰 부분을 차지하므로 선반 장식은 절제되고 은은한 스타일로 유지했다.

만약 여러분 집에 벽난로와 선반을 갖고 있다면 다양한 소품 장식을 시도해볼 수 있는 완벽한 무대를 가지고 있는 셈입니다.

벽난로와 선반 꾸미기

서양에서 아직 중앙난방이 시작되지 않았던 19세기에는 거의 모든 가정에 벽난로가 하나씩 있었습니다. 그래서 벽난로 틀과 선반을 장식할 때 일반적으로 통용되는 규칙이나 관습까지 있었지요. 전통적으로 벽난로 선반은 '완벽한 대칭'을 콘셉트로 하여 중앙에 거울을 배치하고, 그 옆으로 촛대 한 쌍, 단색의 동물 조각상 한 쌍을 배치했고 가끔씩 꽃병을 더하기도 했습니다. 이런 식으로 선반 위 공간을 전부 이용하는 관습적이고 평범한 배치가 특징이었습니다.

이 인테리어 구도에는 조화를 어지럽히는 요소가 전혀 없다. 여기에 들어간 모든 요소는 흰색이라는 중심색과 단순한 디자인을 기준으로 선택된 것이다. 흰 나무 프레임의 거울이 방을 비추어, 보는 이의 시선을 위로 이끈다.

의도적으로 거칠게 처리한 여러 종류의 나무 조각을 이용한 벽난로와 이에 어울리는 다양한 나무 소품 컬렉션

하지만 오늘날에는 더 이상 이 같은 배치 형식을 지킬 필요가 없습니다. 오히려 대부분의 경우 벽난로와 선반은 벽의 일부로 취급되거나, 실용적인 목적보다는 장식물의 하나로서 여겨집니다.

하지만 벽난로는 주거 건축이 시작된 이래 예나 지금이나 방에서 중요한 초점을 이루는 요소입니다. 따뜻한 불빛과 온기, 그리고 유쾌함과 친절한 분위기를 만들어내므로 사람들은 본능적으로 벽난로 장식에 끌립니다. 벽난로가 여러 종류의 수집품이나 장식적인 소품을 배치하고 전시하기에 가장 적합한 장소인 이유도 바로 여기에 있습니다. 시선이 가기에 좋은 높이, 여러 개의 소품으로 그룹을 만들 수 있는 넉넉한 공간, 방 전체에서 자연스럽게 주목되는 위치 등을 두루 갖추었으니까요. 개성 있는 수집품이나 아름다운 소품, 추억이 담긴 소중한 물건, 희귀한 장식물을 놓기에 벽난로는 가장 멋진 무대입니다.

수집가라면 물건의 높이가 달라지는 것만으로도 색다른 재미가 생길 수 있음을 알게 될 것입니다. 벽난로의 선반은 '여기 좀 봐주세요!'라고 외치는 듯한 노골적인 느낌이 아니라 다소 절제된 분위기로 사람들의 시선을 끌어당깁니다. 따라서 여러분은 벽난로 위쪽의 공간을 활용해 수집품

거실 장식과 조명

1

을 자연스럽게 배열할 수 있습니다.

그림을 걸 때와 마찬가지로 벽난로 위를 장식할 때에는 소품이 놓인 높이, 그리고 그 아래쪽의 비례가 결정적인 역할을 합니다. 여기서 한발 더 나아가 거울이나 그림 등 사람들의 시선을 위로 끌어올릴 수 있는 소품을 추가함으로써, 벽난로가 있는 벽면 전체의 분위기를 바꾸고 공간에 무게감을 더할 수도 있습니다. 특히 낮게 설치한 거울은 시야를 확장하고 그 앞의 소품들을 비춤으로써 공간의 입체감을 한층 강조합니다.

재차 강조하지만 인테리어에서 가장 중요한 것은 비율입니다. 벽난로 위쪽에 놓이게 되는 모든 요소는 그 아래 공간의 크기와 균형을 이루어야 합니다. 선반은 물론 벽난로 자체와도 말

2

3

1-2. 거실의 벽난로를 아름답고 섬세한 소품들로 꾸몄다. 다양한 크기의 거울 컬렉션을 바탕으로 석고 장식판, 앤티크한 쇠가위 등 형태와 디자인이 흥미로운 소품들을 조합했다.

3. 은색이 들어간 벽지를 배경으로 벽난로 선반을 독특한 도자기 제품으로 장식했다.

이지요. 벽난로 위의 소품은 불을 때지 않는 시기의 까만 구덩이와도 균형을 이루어야 하며, 만약 벽난로를 메워둔다면 이 부분 역시 고려해야 합니다. 방에 들어온 사람은 벽난로가 아닌 벽 전체를 보게 되니까요.

벽난로 위를 어떤 소품으로 장식할 것인지는 벽난로 선반의 스타일에 따라 달라집니다. 낡은 목재로 된 시골풍 선반에는 섬세한 장식보다는 선반과 비슷한 느낌의 소박한 물건들이 어울립니다. 장식 소품을 선택할 때는 전체적인 균형을 생각해야 합니다. 그렇다고 18세기풍 벽난로 선반에 같은 시대 스타일의 물건만 놓을 수 있다는 이야기는 아닙니다. 오히려 대조적인 소품으로 멋진 효과를 낼 수도 있습니다. 다만 주의할 점은 전체 구성과 조화를 이루는 한도 내에서 장식을 해야 한다는 것입니다.

벽난로 선반 장식은 조명에 의해서 확장됩니다. 벽에 고정하는 전기 조명을 설치할 때는 아래쪽 선반을 비추는 동시에 방 전체에서 간접 조명의 기능을 할 수 있도록 세심하게 위치를 선정해야 합니다. 선반의 폭이 충분하다면 전등을 선반에 직접 올려둘 수도 있습니다. 장식용 초를 여러 개 모아 놓거나 키가 적당히 큰 촛대 한 쌍을 두어도 좋습니다.

1. 격식 있는 장식 소품을 벽난로 위와 양쪽 벽에 통일감 있게 설치했다.
2. 고풍스러운 벽난로와 클래식한 볼록 거울. 텅 빈 난로 안에 가짜 불꽃 그림을 넣어 재치를 더했다.

따뜻한 느낌의 벽난로를 사진, 초대
장 등 개인적인 물품과 소품으로 꾸
몄다. 재질이 다른 두 종류의 인형
이 선반 양 끝에서 서로 균형을 맞
추고 있다.

흰색으로 칠한 벽난로 선반에는 언뜻 보이는 것보다 훨씬 많은 손
길이 들어가 있다. 섬세하게 배치한 물방울 무늬 단지가 아래쪽 의
자 덮개와 쿠션으로 명확하게 이어진다. 정교하게 계산된 연출이다.

1. 단순한 형태의 벽난로 위에 표면이 거친 나무 선반을 달았다. 여기에 단순한 소품들을 몇 개만 배치하여 나무와 소품의 조화를 꾀했다.

2. 옛날식 스토브를 놓은 벽난로에 어울리도록 빈티지하고 작은 소품들을 여러 개 배치했다.

3. 언뜻 수수해 보이지만 형태와 질감 위주로 선택해 배치한 소품들이 마치 조각 작품같다.

집에 책이 많은 경우 문 위쪽에 선반을 달면 방에 입체감을 더하는 효과까지 얻을 수 있다.

만약 어떤 공간이 어쩐지 인간미 없게 느껴진다면 그것은 책이 한 권도 보이지 않아서일 가능성이 높습니다. '삶의 향기'가 느껴지지 않는 방은 어딘가 차가운 인상을 주지요. 책은 우리 삶에서 빠질 수 없는 필수 요소라고 할 수 있습니다.

책이 있는 공간

오래된 것이든 새것이든 책은 방에 개성을 불어넣고 인간적인 느낌을 부여하는 데 그 어떤 요소보다도 큰 힘을 발휘합니다. 바로 책이 갖는 고유의 '개성'때문입니다. 책이 이토록 오랜 시간 동안 인테리어 영역에서 매력을 발휘해 온 것은 책의 색깔이나 디자인 등이 우리에게 즐거움을 주기 때문이기도 하지만, 책 자체가 가지고 있는 특유의 분위기 때문이기도 합니다.

책이 그곳에 존재한다는 것은 책의 주인이 그것을 읽고 즐겼다는 것을 의미합니다. 따라서 겉모습 때문에 산 책, 읽기보다는 장식용으로 산 책들은 어쩐지 차갑고 방치된 느낌이 들지요.

1. 책의 다양하고 아름다운 겉모습은 책이 주는 즐거움 중의 하나다. 멋지게 겹쳐서 쌓은 책은 보기에도 좋다.
2. 자투리 공간도 활용해보자. 벽 안쪽의 빈 공간에 책을 일렬로 길게 배치했다.

책을 옮기기 쉬운 실용적인 수납법. 책 벤치라고 불러도 될 만큼 탁자 아래쪽을 책으로 가득 채웠다. 탁자의 윗면은 깔끔하게 정리하여 소파 테이블로서의 기능을 더했다.

따라서 방에 책을 배치할 때는 지나치게 귀하게 모시지 않는 것이 좋습니다. 책은 분명 많이 있을수록 좋아보이지만, 마치 스웨터를 수납하듯 한 치의 어긋남도 없이 색깔별로 또는 크기별로 깔끔하게 정리하면 오히려 자연스러운 멋이 떨어집니다. 조금은 느슨하게, 자기만의 분류 방식으로 정리하여 한눈에 찾아낼 수 있는 상태가 최고입니다. 꼭 책장에만 한정하지 말고 탁자나 바닥에도 책을 놓아보세요. 한눈에 찾아낼 수 있는 상태란 '손에 닿는 곳'만을 의미하는 것이 아니며, 여러분이 그 책이 어디에 있는지를 파악하고 있는 것만으로 충분합니다.

하지만 비교적 자유롭게 배치한다 해도 책은 어느 정도 단정하게 정렬해야 보기에 좋습니다. 위아래가 뒤집힌 채 꽂혀 있다거나 펼쳐진 채 다른 책 밑에 깔려 있는 모습은 오히려 전체적인 인테리어의 완성도를 떨어뜨립니다. 책 애호가로서는 참고 볼 수 없는 일이지요.

자유로운 형태의 책 선반. 사이사이에 금속 지지대가 있어 책을 꽂기 쉽다.

수납공간이 매우 작은 방에 다면 책장을 설
치해 책을 꽂았다. 앞쪽의 책장에는 큰 책을
꽂았고, 침대 머리맡을 향한 책장에는 더 작
은 책과 자주 읽는 책을 꽂았다.

높은 책장에 꽂힌 화려하고 다양한 책들이 문
에 달린 거울에 비춰져 독특한 구조를 만들
어낸다.

면밀한 설계로 책의 수납 문제를 해결했다. 두 방을 연결하는 통로 위에 책장을 만들고 그 양쪽으로도 책장 한 쌍을 이어 놓은 모습이 작은 도서관이라고 해도 손색이 없다.

책을 사랑하고 즐겨 사는 많은 사람들은 갈수록 늘어만 가는 장서를 어떻게 배치하고 아름답게 꾸며야 할지 몰라 걱정을 합니다. 이럴 때는 '수평적 사고'가 유용합니다. 모든 책을 꼭 커다란 책장이나 선반에 꽂을 필요는 없습니다. 손이 닿을 수 있는 공간이 있다면 어디든지 책을 수납할 수 있습니다. 문 위나 방 사이의 좁은 공간을 이용해보세요. 사용하지 않고 막아둔 문 위에 선반을 촘촘히 높게 쌓은 다음 작은 책들을 꽂아두어도 좋습니다. 찬장 위의 버려진 공간에도 그에 맞는 선반을 달아 적당한 크기의 책들을 꽂아보세요.

소파나 의자 옆에 책을 쌓아 탁자처럼 활용하는 방법도 있습니다. 또한 식당이나 커다란 식탁이 놓여 있는 방 역시 책으로 색다르게 꾸밀 수 있습니다. 다양한 높이와 크기의 책을 겹쳐서 쌓은 다음 그 위에 조명등이나 화반을 두면, 식당 자체가 하루 중 어느 때라도 쓰기 좋은 편안한 장소가 됩니다. 더 나아가 식사 공간의 벽을 책과 책장으로 채워 서재로 삼아보세요. 저녁에 책에 둘러싸여 식사하는 것만큼 근사한 일이 있을까요?

별도로 깔끔하게 정리해야 하는 물건이 아닌, 장식 요소나 소품으로 책을 생각하는 순간 책장과 책 선반도 자연스럽게 장식장이 됩니다. 책을 꽂을 때는 서로 같은 폭과 높이를 가진 것들끼리 묶어 그룹을 만들어보세요. 이때 어떤 것은 세로로, 어떤 것은 가로로 꽂아 기하학적인 구성을 꾀할 수 있습니다. 칸칸이 나뉜 책장을 책으로 다 채우려고 하지 말고 일정 공간을 다른 물건으로 채워보면 어떨까요. 화분도 좋고 아기자기한 소품도 좋고 도자기나 유리 제품도 잘 어울립니다. 색이 도장된 책장의 경우, 책장 안쪽을 바깥보다 짙은 색으로 칠하면 책장의 형태가 더욱 돋보이게 됩니다. 칸으로 나뉘지 않은 책장을 쓸 때도 책을 그룹별로 나눠서 장식성을 가미할 수 있습니다. 책장의 틀이나 책의 경계를 프레임으로 삼아 오래된 상자나 작은 인형, 조각 작품 등 독특한 소품들도 배치해보세요.

선반에 그림을 놓는 것도 책장을 이용하는 근사한 방법입니다. 그림은 선반의 빈 공간에 배치하면 됩니다. 뒷벽에 걸거나 기대어 놓아도 좋고, 똑바로 세워두어도 좋습니다. 그림 때문에 책을 더 많이 꽂지는 못하겠지만, 책장을 시각적으로 장식하는 데 이보다 효과적인 방법은 없답니다.

기둥이 벽에 부착된 금속 재질의 튼튼한 선반으로, 좁은 공간에도 쉽게 설치할 수 있다는 장점이 있다. 현대적인 가구들과 잘 어우러져 감각적인 느낌을 준다.

모던한 분위기를 강조한 방이다. 튼튼한 나무 선반에 책을 배치한 모습이 방 전체의 느낌과 잘 어울린다.

보기만 해도 아름다운 책 수납법. 위쪽은 선
반식, 아래는 찬장식으로 된 전통적인 스타
일의 책장에 따뜻한 올리브색을 칠하고, 눈
길을 끄는 멋진 책들을 가득 꽂았다.

1. 수수한 2단 선반을 벽 위쪽에 달았다. 아래쪽 소파의 수평선과 맞춘 것이다.

2. 경사진 지붕 아래에 책을 일렬로 길게 배치했다.

1　2

각 방의 조명은 실용성도 중요하지만 장식 소품으로서도 매우 중요한 역할을 합니다.

공간을 살리는 조명

인테리어에서 조명은 공간의 분위기를 좌우할 정도로 매우 결정적인 역할을 합니다. 조명 디자이너들(이들은 조명을 하나의 예술로 이해하는 사람들입니다)은 이렇게 말하지요. 모든 조명은 하나의 콘셉트로서, 즉 방의 색상과 가구를 고민할 때처럼 다루어져야 한다고. 지극히 옳은 말입니다. 조명이라는 요소는 방을 밝히는 역할을 하는 동시에 그 자체로도 흥미롭고 매력적인 소품으로 기능해야 합니다.

　조명 중에는 아름답고 장식적이면서도 실용적인 조명이 있습니다. 방의 배경을 따뜻하게 채워주고 공간의 분위기를 연출하는 간접 조명이지요. 조명을 배치할 때 중요한 점은 넓은 시각에서 각 조명에 어울리는 가장 적합한 장소를 찾아내어, 그 조명이 위치한 공간의 매력이 한층 살아나도록 구성해야 한다는 것입니다. 이를 위해서는 먼저 각 조명이 담당하는 영역을 생각해보아야 할 필요성이 있습니다. 테이블 위에 놓는 조명은 테이블과 적절한 비례를 이루어야 하고, 상들리

1. 흰색 도자기 화병과 장식적인 유리 조명을 함께 배치하여 통일감이 있으면서도 화려하게 구성했다.

2. 주방 천장 조명에 씌운 커피잔 모양의 전등갓이 공간에 어울리면서 재치 있다.

3. 유리잔에 넣은 여러 개의 작은 양초. 부담 없으면서도 매력적인 테이블 조명이다.

4. 작업 공간의 벽에 설치한 독서등. 기능성과 장식성을 모두 갖추었다.

에는 낮게 걸어야 하며, 바닥에 세우는 조명은 가구의 기능을 방해하거나 방안의 동선을 가로막아서는 안 됩니다.

조명에는 테이블 조명, 벽 조명, 플로어 조명, 샹들리에, 촛대 등 다양한 형태가 있습니다. 디자인이 전통적인 것도 있고 현대적인 것도 있습니다. 또 원래 다른 용도의 물건이었던 것을 활용한 것이나, 일부러 특별히 제작한 조명도 있습니다. 어떤 조명은 독자적으로 존재할 때 돋보이고, 어떤 조명은 그룹으로 함께 둘 때 보기에 좋습니다. 어떤 스타일의 조명이든 일단 방의 여러 위치에 배치해보고 가장 효과가 좋은 곳을 찾아내면 됩니다. 가능하다면 조명에 밝기 조절 장치를 해두면 좋습니다.

1. 전통적인 모양의 추를 단 도르래 모양 조명. 사람보다는 음식에 빛이 가도록 해야 하는 저녁 식탁에 어울리는 조명이다.
2. 높이 조절이 가능한 독서등과 편안한 의자는 휴식을 위한 공간의 필수품이다. 호리호리한 조명의 지나치지 않은 존재감이 전체적인 분위기를 깨뜨리지 않고 있다.

1. 탁자 위에 놓인 모던하고 독특한 도 자기들과 잘 어울리는 투명한 유리 실 린더 조명.

2. 흰색으로 칠한 탁자 위에 섬세한 유 리구슬이 달린 촛대와 단순한 형태의 흰색 단지가 질감 대비를 이루고 있다.

3. 마치 비행접시 같은 천장 조명. 조금 씩 다른 형태인 조명 세 개가 각기 다른 높이에서 계단을 비추고 있다.

최근 샹들리에의 화려한 아름다움이 인기를 얻고 있다. 이 샹들리에는 색깔이 들어간 구슬과 투명한 구슬을 함께 엮은 것으로, 거울에 비치는 높이에 설치하여 그 효과를 극대화했다.

전등갓 활용하기

인테리어 전문가들은 패브릭 쿠션과 마찬가지로 전등갓이야말로 공간의 분위기를 손쉽게 전환시킬 수 있는 요소라고 말합니다. 전등갓에 작은 변화를 주는 것만으로도 그 효과는 충분합니다. 원통형 갓을 원뿔형 갓으로 바꾸거나 둥근 프레임을 정사각형 프레임으로 바꾸는 것만으로 얼마든지 공간에 변화를 줄 수 있지요. 사소한 실루엣 차이가 전등 전체의 스타일과 공간을 전혀 다르게 바꾸어 버리니까요.

형태 외에 전등갓을 고를 때 중요한 요소는 바로 색상입니다. 흔히 볼 수 있는 크림색 전등갓은 안전한 선택이긴 하지만 너무 단조로워 보입니다. 차분하게 가라앉은 분위기를 원하는 것이 아니라면 색상과 패턴을 과감하게 활용해보세요. 전등갓을 단순히 실용적인 물건으로 바라보기보다는 그 자체로 장식이 되는 소품으로 생각해야 합니다.

Tip!

● 전등과 전등갓의 조합에서는 질감 대비가 중요합니다. 조명대가 금속이라면 부드러운 소재의 전등갓을 달아봅시다.

● 전등갓에 장식적인 요소를 가미해보세요. 분위기가 훨씬 화려해집니다. 원하는 기간에만 붙였다가 다시 제거할 수도 있습니다. 조명대에 리본이나 매듭을 두르거나, 전등갓 테두리에 유리구슬을 달아봅시다. 클립으로 나비나 새 장식을 부착하거나, 비즈 끈을 감아 연출하는 것도 근사하겠지요.

● 한 방에 전등이 두 개 이상일 때는 높이를 다르게 하여 변화를 줍니다. 같은 높이로 지나치게 밝은 빛이 몰리지 않도록 합니다.

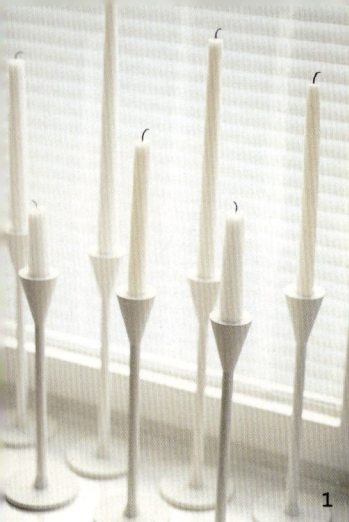

식탁 위의 조명은 중요한 인테리어 요소입니다. 불편한 조명을 받으면서 하는 저녁 식사에서 즐거움을 느끼기는 어려울테니까요.

촛대로 장식하기

현재 실내조명으로 가장 널리 쓰이는 것은 전기 조명이지만, 전통적인 촛대 역시 여전히 유용하게 쓰이는 소품입니다. 촛대는 특히 식탁에 빠지지 않는 요소입니다. 초는 역사적으로 부와빈곤을 구별짓는 상징이었습니다. 평범한 사람들은 골풀 양초나 수지 양초(쇠기름이나 양기름으로 만든 것으로 매캐한 냄새가 납니다)밖에 쓰지 못했지만, 부자들이 쓰던 밀랍은 좋은 냄새가 났고 지나치게 비싸서 오로지 특별한 상황에서만 쓰였습니다. 17세기에 루이 14세가 건축한 베르사유 궁의 '거울방'에는 늘 3,000개의 초가 타오르고 있어서, 길쭉한 갤러리 양옆으로 늘어선 350개가 넘는 거울에 그 부드러운 빛이 화려하게 반사되었다고 합니다.

1. 흰색 블라인드를 친 창턱에 단순한 형태의 촛대 한 종류를 좁은 간격으로 늘어놓았다. 기능과 장식을 동시에 생각한 배치이다.
2. 화려하게 조각된 나무 촛대 두 개. 한 쌍은 아니지만 두 개의 촛대가 조화를 이룬다.
3. 비즈 블라인드를 친 벽감에 마찬가지로 광택이 있는 금속 촛대를 모아두었다.

긴 유리 촛대를 모은 컬렉션. 짝을
이루는 것이 거의 없이 여러 종류
로 식탁을 가득 채웠다. 촛대에 꽂
은 초는 붉은색, 분홍색, 아이보리
색으로 선택해 전체적으로 통일감
을 주었다.

1 2

오늘날 우리는 마법과도 같은 촛불의 매력을 재발견하고 있습니다. 그중에서도 전통적으로 초를 많이 사용한 공간이었던 식당에서 더욱 그러합니다. 촛불은 사람들의 안색을 좋아 보이게 할 뿐 아니라 흔들리는 빛으로 신비스럽고 즐거운 분위기를 만드니, 식탁을 장식하기에 안성맞춤입니다. 비단 식탁뿐만 아니라 어느 방에서나 촛불은 공간을 더 풍부하고 깊이 있게 만들어줍니다.

촛대의 종류는 앤티크한 스타일부터 모던한 것까지 아주 다양합니다. 대부분 한 쌍 단위로 디자인되지만, 짝을 맞추지 않아도 얼마든지 장식적인 효과를 낼 수 있습니다. 특히 서로 다른 크기와 형태의 촛대를 한데 모으면 인테리어 효과가 극대화됩니다. 촛대를 모을 때는 여러 가지 기준이 있습니다. 같은 소재를 모으거나(유리, 은, 또는 도자기) 같은 색, 같은 형태를 모으는 식입니다. 식탁 외에 선반에도 촛대를 장식할 수 있습니다. 이때도 대칭적으로 배열하기보다는 그룹을 지어 모아보세요. 테이블에 둘 경우에는 다른 오브제들과 하나의 구도를 이루면 좋습니다. 널찍한 창턱에도 놓아봅시다. 촛대에 꽂을 초는 흰색이나 아이보리색이 무난하고, 가끔 분위기를 바꿀 때는 대담하고 선명한 색상을 선택하되 한두 개가 아닌 여러 개를 동시에 배치하는 게 좋습니다.

1. 욕실 의자에 놓인 정교한 모양의 촛대가 샤워 시간을 훨씬 더 즐겁게 만들어줄 것이다.

2. 반짝이는 머큐리글래스(Mercury glass)로 만든 촛대를 모아 높은 선반에 장식용으로 배치했다. 촛대를 배치할 때는 실제 초를 꽂아두면 훨씬 보기에 좋다.

3. 유리 방울이 사슬로 연결된 촛대들로 선반을 장식했다. 뒤편에는 거울이 있어 촛불을 켜면 멋지게 반사될 것이다.

4. 평범한 디자인이지만 경쾌한 에나멜 컬러의 손잡이가 달린 금속 초받침. 이 촛대는 옛날에는 밤에 침실로 갈 때 쓰이던 유도등이었지만, 지금은 훌륭한 장식 소품이다.

5. 여러 개의 색유리 촛대들이 모여 생동감 있는 분위기를 자아낸다.

패브릭 가구와 소품

SOFT FURNISHINGS

쿠션을 바꾸면 방의 분위기가 완전히 달라집니다. 여기에 독특한 덮개를 하나둘 더 추가하면 어떤 방이든 순식간에 색다른 분위기로 탈바꿈시킬 수 있습니다.

쿠션과 의자 덮개

효과적으로 방의 분위기를 바꾸는 가장 쉬운 방법은 의자나 소파 등의 패브릭 가구에 힘을 주는 것입니다. 이는 단순히 커버를 바꾸는 것만이 아니라, 의도한 인테리어 분위기에 맞추어 쿠션과 덮개를 적극적으로 활용하는 것을 의미합니다. 의자 덮개가 인테리어 장식의 요소가 된 것은 비교적 최근의 일이지만 앞으로도 계속해서 애용될 것 같습니다. 패브릭을 잘 활용하면 공간이 밝아질 뿐 아니라 때로는 방 전체의 분위기도 자유자재로 바꿀 수 있습니다. 하지만 패브릭을 정확히 배치하는 일은 그 극적인 효과만큼이나 시간이 좀 필요하고 까다로운 작업입니다.

　대부분의 사람들은 특별히 눈에 띄는 쿠션이 아니라면 쿠션 한 개로는 어딘가 모자란다고 생각합니다. 하지만 쿠션이 너무 많이 놓여 있으면 오히려 부담스러운 인상을 줍니다. 소파나 의자가 지나치게 좁아 보일 수도 있고요. 그러니 공간을 편안하게 채울 정도로만 쿠션을 배치하도록 합시다.

1. 수수하고 차분한 공간에 독특한 색과 무늬를 가진 쿠션들을 배치하여 방 전체의 분위기를 살렸다.

2. 디자인은 다양하지만 색감이 비슷한 사각형 쿠션들을 모아두었다. 줄무늬 쿠션의 모서리에 붙은 술이 눈에 띈다.

3. 평범한 격자무늬 담요지만 선명한 색으로 된 끝단과 안감 덕분에 장식적인 느낌을 준다.

1. 여러 가지 모양의 작은 쿠션들을 앤티크한 나무 벤치에 모아두었다. 의자와 마찬가지로 모두 앤티크 직물로 만든 것이다.

2. 빅토리아풍 의자에 현대적인 디자인의 쿠션과 그와 비슷한 무늬의 덮개를 배치했다. 대신 색은 차분한 중간 톤으로 맞추었다.

3. 서로 다른 스타일의 쿠션을 모았다. 그러나 전체적인 색이 차분한 무채색이라 조화를 이룬다.

4. 소품의 색과 패턴을 영리하게 이용했다. 회색 천을 씌운 현대적인 의자에 동양적인 무늬와 색상을 가진 덮개를 배치했다.

5. 가죽 의자에 색깔이 있는 털 직물을 덮개로 깔고 그 위에 화려한 스팽글 쿠션을 배치했다. 특히 추운 계절에 어울리는 감각적인 조합이다

쿠션은 상황에 따라 한 개일 수도 있고 열 개가 될 수도 있습니다. 그 다음으로는 형태와 색상에 유의합니다. 똑같은 쿠션을 줄지어 늘어놓으면 지겨운 인상을 줍니다. 사진을 배치할 때와 마찬가 지로 어느 정도의 다양성은 필수입니다. 물론 이때 균형과 비례도 함께 고려합니다. 쿠션들을 옆으로 나란히 배치할 때는 직사각형과 정사각형을 섞거나, 크기가 다른 소품 한 쌍씩을 배치하는 등 연관성이 있는 동시에 전체적으로 조화로운 구성이 되도록 합니다.

소파의 덮개를 고르고 배치하는 문제도 생각한 것만큼 간단하지가 않습니다. 오래된 담요를 의 자에 길게 걸쳐놓는다고 해서 장식이 되는 것은 아니니까요. 덮개를 활용한 장식의 핵심은 실 용성을 갖추면서도, 방의 전체적인 디자인과 어우러져 편안하고 매력적인 분위기를 만 드는 것입니다. 덮개를 선택하는 범위는 앤티크한 것부터 현대적인 뜨개 직물, 격자무늬의 러그 까지 매우 넓습니다. 혹시 다른 용도로 쓰기에는 크기가 너무 작거나 지나치게 튀는 아름다운 직물 이 있다면 덮개로 활용하면 딱 좋습니다. 의자 커버의 무게감과 선택한 덮개 사이의 균형감만 잘 맞춘다면 둘의 대조적인 질감으로 인해 장식 효과를 낼 수 있습니다.

소파와 의자 구석에 편안하고 큼직한 쿠션들이 배치된 모습은 언제나 매력적이다. 이때 쿠션이 납작하게 눌리지 않도록 언제나 푹신하게 부풀어 오른 상태로 유지하는 것이 중요하다.

　패브릭 가구와 소품

색상과 무늬 더하기

방 전체를 놓고 보면 쿠션은 그저 작은 소품에 불과합니다. 그만큼 실험적인 색과 패턴을 쓰거나, 새로운 아이디어를 시도하는 데 유리하지요. 직물에 따라 자주 변화를 줄 수 있는 소재이기도 하고요. 인테리어 디자인 측면에서 생각해보면 쿠션과 덮개는 공간의 분위기에 맞춰 작품처럼 배치할 수 있습니다. 쿠션과 솔은 방의 느낌을 바꾸기에 매우 효과적인 소품입니다. 그러나 어떤 패턴, 어떤 색상을 선택하든 비례와 비율이 가장 중요합니다. 예를 들어 큰 소파에 작은 쿠션은 보기에 좋지 않고, 거대한 단색 배경에 밝은 색이나 패턴을 쓰면 묻혀버릴 뿐입니다.

Tip!

- 전체 실내 장식에서 포인트 색상은 아주 중요한 부분입니다. 밝은 색 쿠션이 이 역할을 맡을 수 있지요. 눈에 잘 띄는 자리에 둔 선명한 색이나 밝은 색 쿠션은 전체 인테리어에 초점을 부여합니다.
- 패브릭은 반드시 방의 주제를 고려해 선택해야 합니다. 소파 쿠션은 방의 다른 요소들과 시각적으로 긴밀히 연결되어야 합니다.
- 낡고 얼룩진 쿠션 커버는 금물. 이를 해결하는 간단한 방법은 기존 커버의 앞면에 장식을 달거나 조각을 이어 붙이는 것, 또는 자투리 천으로 쿠션의 옆면을 대거나 의자 커버에 단을 다는 것입니다.
- 싸게 살 수 있는 자투리 천을 모아 두면 나중에 장식에 활용할 수 있습니다. 마음에 든 것이 있다면 눈에 띄는 대로 사서 모아두세요.

컷워크 레이스의 침대 커버가 이 공간의 장식에서 핵심적인 기능을 하고 있다. 레이스 아래쪽의 밝은 색을 드러냄으로써 방이 갈색으로 뒤덮인 서재처럼 보이지 않게 해준다.

침구는 침실 인테리어에서 가장 중요한 부분을 차지합니다. 본질적으로 침구는 휴식을 위한 실용적인 물건이지만 아름답게 연출하는 것 역시 중요하지요.

침구 장식

침구는 실용적이고 중요한 기능을 합니다. 또한 침실 디자인의 핵심적인 요소로 인식되지요. 패브릭이 차지하는 장식적인 디테일의 비중이 크기 때문입니다. 그래서 요즘에는 시트와 베개 커버를 따로따로 들이기보다는 세트로 구비하는 것이 당연해졌습니다. 이때 세트를 선택하는 기준은 방의 색상과 스타일입니다. 쿠션, 전등과 마찬가지로 침구 역시 선택의 범위가 넓고 다양합니다. 침구 세트, 또는 침대보나 이불 커버 하나로 방의 분위기를 순식간에 바꿀 수 있지요. 그러므로 침구를 고를 때는 디자인에 대해 잘 생각해볼 필요가 있습니다.

가장 중요한 것은 침대와의 조화입니다. 색과 패턴을 깊게 따져보아야 합니다. 유행

버튼이 박힌 두꺼운 패딩에 양 끝이 굽어 있는 헤드
와 부드러운 회갈색톤 침구로 편안함을 강조한 현대
적인 침실이다.

은 변합니다. 예전에는 초콜릿브라운이나 네이비블루를 곁들인 밝은 색상이 인기가 많았습니다. 그러다가 시골 정원의 꽃밭이나 팝아트 그림 같은 시트가 유행했고, 지금은 다시 차분해진 분위기가 선호되는 추세입니다. 근본적으로 침실은 휴식을 위한 안식처여야 하므로, 고풍스럽든 현대적이든 상관없이 대부분 절제된 색상이나 조화로운 색상을 많이 쓰고 있습니다. 이때 시트, 이불, 베개를 전부 같은 디자인으로 맞출 필요는 없습니다. 다른 커버나 덧이불도 마찬가지입니다. 집의 다른 방을 장식할 때와 마찬가지로 몇 가지 종류의 음영과 패턴을 조합하여 아름답게 꾸밀 수 있습니다. 다만 일정한 색상 범위, 동일한 패턴을 사용하면서 여분의 쿠션으로 포인트를 주거나 방 전체와 대비되는 효과를 내는 것이 좋습니다.

편안함도 중요한 기준입니다. 침실은 우리가 가장 많은 시간을 보내는 곳이니만큼 편안함이 가장 중요한 요소입니다. 베개는 침대에서도 편안하게 책을 읽을 수 있게 넉넉한 크기로 가능한 한 가장 좋은 것으로 구비하고, 때가 되면 바꿔주어야 합니다. 담요나 이불은 가볍고 따뜻해야 합니다. 투자한 만큼 당연히 질이 좋아지겠지요. 침대 끝에 두는 독특한 덮개나 담요는 따뜻할 뿐만 아니라 장식적인 효과도 있어 침실의 전체 디자인에 품격을 더해줍니다.

1. 빈티지풍을 강조한 침실. 19세기풍 벽지와 은은한 소품들이 베개와 덧이불의 패턴과 연결된다.
2. 장식적인 베개와 귀여운 베개를 함께 두었다. 하나는 리본으로 커버를 묶었고 두 개는 리본과 장식끈을 대었다.
3. 서로 조금씩 형태가 다른 앤티크 꽃무늬가 있는 베개와 쿠션을 모아 놓으니 침대가 화사하다.
4. 침구와 패브릭 가림막, 전등갓을 비슷한 색감과 무늬로 연결하였다.

왼쪽, 1. 모든 디테일을 섬세하게 만진 아름답고 평화로운 침실. 바닥을 옅은 색으로 칠했고 앤티크 철제 프레임 침대와 페인트를 칠한 접이식 나무 탁자를 두었다. 여기에 자수가 들어간 시트와 베개 커버, 덩굴 디자인의 누비 덧이불과 그와 긴밀하게 연결되는 침대헤드 부분이 조화로운 분위기를 낸다.

2. 창문의 커튼과 연결되는 은은한 꽃무늬 커튼을 캐노피 침대에 달았다. 색으로 연결된 창문 커튼의 강렬한 꽃 패턴과 충돌하지 않는다.

3. 아름다운 고딕풍 앤티크 침대헤드에 벽 색깔과 연결되는 섬세한 꽃 패턴 커버의 베개 받침을 배치했다.

비록 관리하기는 까다롭겠지만, 순백색으로 침실을 연출하면 누구보다도 우아하고 정갈한 분위기를 연출할 수 있습니다.

순백색 침실 꾸미기

역사적으로 흰색은 침구에 가장 많이 쓰인 색이었습니다. 지금도 많은 사람들이 침실에서 흰색을 고집합니다. 만약 여러분의 취향도 그러하다면 여기 좋은 소식이 있습니다. 흰색만으로도 모던한 스타일부터 빈티지 스타일까지 거의 모든 스타일을 구현할 수 있다는 것입니다. 단, 흰색 일색의 침실은 각 요소, 특히 침대 자체에 배치되는 요소들에 어느 정도 변화를 주지 않으면 병실처럼 보이거나 지루하다는 인상을 줄 수 있습니다. 사실 흰색에는 수많은 색조와 음영이 있습니다. 인테리어 전문가들은 흔히 이렇게 말하지요. "색조와 질감에 변화를 주어라." 부드러운 울, 매끈한 면과 누비 면, 질감이 들어간 침구 등 같은 흰색이라도 여러 소재를 섞어보는 것입니다. 여기에 자수나 술, 리본을 달거나 대조적인 색상의 선을 가미해보세요. 이 모든 것들이 한데 어우러져 은은한 매력이 있는 침실이 됩니다.

3

4

1. 옛날식 자수 띠가 들어간 작은 베개들을 한데 모아 침대를 장식했다.

2. 멋진 놋쇠 프레임 침대를 흰색으로 꾸미고 여기에 독서등과 술을 촘촘히 단 전통적인 침대보로 온기를 더했다.

3. 이 순백색 침실에서는 형태와 질감의 변화, 베개 위에 놓인 약간의 장미 패턴으로 재미를 주었다.

4. 공간을 최대한 넓게 보이도록 하기 위해 순백색으로 방을 꾸미면, 흰색으로 칠한 바닥과 가구, 벽지 등이 전체적으로 차가운 느낌을 줄 수 있다. 하지만 여기서는 흰색으로 칠한 프랑스풍 앤티크 나무 침대의 아래쪽까지 덮은, 촘촘하게 누비질한 흰색 침대보가 호화로운 분위기를 내고 있다.

손님방 준비하기

누군가 자신의 집에서 묵고 간다면 이는 집주인에게 커다란 숙제와도 같다고 할 수 있습니다. 어떻게 하면 기억에 남을 만큼 편안하고 멋진 밤을 제공할 수 있을까요?

일단은 방을 낯선 사람의 시각에서 꼼꼼히 살펴봐야 합니다. 안락한 침구, 부드러운 조명, 여기에 책과 같은 간단한 읽을거리도 함께 준비해야겠지요. 꽃을 꽂은 작은 화병과 밤에 마실 물도 준비해두고요, 알람시계도 잊지 마세요. 이 모든 세심한 손길이 아늑한 손님방을 만들게 됩니다.

Tip!

- 머리맡의 탁자 조명은 적어도 침대헤드 높이는 되어야 합니다. 작은 조명으로도 손님이 책을 읽는 데 불편함이 없을 것이라 착각하는 이들이 얼마나 많은지.
- 손님방의 책으로는 최신 잡지나 에세이, 스테디셀러 등으로 골라서 배치해 두면 좋습니다.
- 손님방에 작고 푹신푹신한 의자를 두면 분위기가 한결 호화로워집니다. 실제로 쓰진 않더라도 혼자 여유롭게 지낼 수 있는 분위기가 손님에게 호감을 줄 것입니다.
- 손님이 활용할 수 있는 작은 상자나 차를 마실 수 있는 다구, 욕실 물품 등을 구비해둡니다. 손님들은 이를 무척 고맙게 여길 것입니다.

그릇 · 도자기 · 유리

CHIANA AND GLASS

단순한 세팅이지만 귀여운 매력이 느껴진다. 고블렛 잔에 비스듬히 담은 작약 송이와 연회색 패브릭의 부드러운 음영으로 차분한 스타일을 연출했다.

잘 차려진 식탁이야말로 사실 궁극의 소품입니다. 테이블 세팅은 누구나 마음껏 휴식을 취하고 즐거운 시간을 보내게 하기 위한 정성스러운 준비 과정이지요.

테이블 세팅하기

식탁은 수백 년 전부터 적극적으로 장식에 활용되어져 왔습니다. 호화로운 그릇과 값비싼 유리, 은, 도자기 소품까지. 역사적으로 만찬 식탁은 그 집에 온 사람들에게 집주인의 권력과 부를 보여 주는 도구였지요. 현대에 들어와서도 잘 꾸며진 식탁은 손님들에게 정성스러운 대접을 받는다는 느낌을 줍니다. 눈길을 사로잡는 도자기와 유리 소품, 꽃이나 양초 등을 가미해 식탁을 아름답게 장식해보세요.

요즘에는 식사 공간이 주로 주방이나 거실과 연결되어 있습니다. 그럴수록 식탁을 어떻게 꾸미느냐가 더욱 중요합니다. 도자기나 유리그릇에도 모던한 스타일, 클래식한 스타일, 격식 있는 스타일, 편안한 스타일, 낭만적인 스타일 등이 있습니다. 여기서 가장 중요한 것은 바로 여러분이 무엇을 좋아하는가입니다.

물론 현재 어떤 살림살이와 소품들을 가지고 있는지도 중요합니다. 사실 테이블 세팅은 실내 장식의 집약된 형태라고 할 수 있습니다. 다행인 점은 아마추어도 얼마든지 솜씨를 발휘할 수 있

1. 이 소금 그릇처럼 독특한 식기는 식탁에 재미와 놀라움을 줄 수 있는 소품이다.
2. 깔끔한 디자인의 유광 용기에 짤막한 나이프와 스푼을 담고 그릇을 겹쳐 쌓았다.

1   2

다는 점입니다. 이런저런 스타일로 식탁을 세팅하다보면 기존의 물건을 새롭고 창의적인 방식으로 활용할 수 있습니다. 대부분의 가정에서는 도자기와 유리 제품을 세트까지는 아니더라도 하나 이상의 패턴으로 구비하고 있으며, 찬장을 자세히 들여다보면 내가 그릇을 이렇게 많이 가지고 있었나 싶어 놀랄 정도이지요. 물론 오래된 그릇 세트를 활용하여 살짝 전통적인 느낌을 가미하는 테이블 세팅도 얼마든지 가능합니다.

요즘엔 메인 요리와 사이드 요리를 서로 다른 색이나 패턴으로 조합하는 경우가 많지요. 그럴 때는 처음에 나오는 그릇에서 중심색을 보여주고 코스 마지막에서 전혀 다른 색을 고르면 됩니다. 도자기 세트를 단 하나만 구비하고 있는 경우에도 얼마든지 다양한 패브릭과 매트로 변화를 줄 수 있습니다. 그런 의미에서 식탁은 캔버스와도 같습니다. 그 바탕에 색과 질감을 쌓아나가는 것이지요. 쉽게 생각해서 하나의 연극 작품을 만든다고 상상해보세요. 식탁은 무대이고 세팅은 무대 세트와 소품입니다. 둘러앉은 사람들은 배우이고요. 이렇게 보면 식탁 자체의 크기보다 더 넓은 공간이 시야에 들어옵니다. 식탁이 놓여 있는 방 전체, 주변의 벽들, 전체를 아우르는

1. 동양과 서양을 접목한 흑백 세팅. 붉은색 냅킨, 검은색 접시, 흰색 볼의 색감을 물방울 무늬 젓가락이 조화롭게 연결하고 있다.

2. 표백하지 않은 리넨의 질감에 어울리는 납작한 조약돌로 냅킨을 고정하였다. 장식적이면서도 기능적인 세팅.

3. 꽃무늬 소용돌이 무늬의 자기 찻잔에 맞추어 자수가 들어간 냅킨을 담았다.

4. 조미료를 담는 멋진 아이디어. 여러 종류의 설탕을 각각 나무 상자에 담고 이것을 다시 나무 트레이에 담았다.

5. 특별한 날을 위한 세팅법. 밝은 색 패턴의 식탁보를 깔고 나이프, 포크, 스푼을 다양한 패턴의 리본으로 귀여운 나비 모양을 만들어 묶었다.

1

조명과 색상까지 고려하게 되지요. 때로는 여기에 거울이나 그림, 추가 조명 같은 것들을 더하기도 합니다.

질감과 색상과 패턴을 궁리해서 특별한 나만의 콘셉트를 만들어보세요. 식탁이 꽉 찬 것을 좋아하는 사람도 있고, 여유 공간이 많은 쪽을 좋아하는 사람도 있습니다. 평소와는 반대로 생각해보는 것도 좋습니다. 여러분의 상상력을 발휘해서 식탁에 있어야 할 것을 찾아내고 나아가 자기가 미처 생각하지 못했던 것들까지 상상해보세요. 식탁에서 하는 모든 식사 시간은 축하하는 자리입니다. 평범한 하루를, 때로는 특별한 날을 기념하는 시간이지요. 핵심은 비용이 아니라 시간입니다. 즉 여러분이 얼마나 공을 들이느냐가 중요합니다.

1-2. 단순하고 친근한 분위기의 테이블 세팅. 테이블 중앙에 장미 무늬가 있는 리넨 러너를 깔고, 문양은 다르지만 붉은 색조가 연결되는 냅킨을 함께 배치했다. 흰색 접시, 사각형 화반에 담긴 튤립 다발, 로제 와인을 채운 유리잔이 완벽한 색의 조화를 이룬다.

3. 모든 요소가 전체적인 색상 범위(장미색, 녹색, 흰색)에 들어가 있어, 테이블 위에 쌓인 물건들이 잘 어우러지고 있다.

주방은 기능적이고 장식적인 소품들이 빽빽하게 들어찬 곳입니다. 집의 심장부와 같은 이곳에 작은 변화를 주는 것만으로도 전체적인 분위기를 바꿀 수 있습니다.

식기류

옛날 시골에서는 주방이야말로 집의 심장부라고 했습니다. 물론 집에서 유일하게 따뜻한 공간이라는 이유도 있었지요. 하지만 현대의 주방은 화목한 공간이기라기보다는 기능적인 공간에 더 가까워졌습니다. 그러다 최근 수년간, 주방은 다시 변화하고 있습니다. 이는 집 안에서 식당(다이닝룸)이 자취를 감춘 결과입니다. 이러한 변화로 인해 이제는 주방의 역할이 단순히 요리를 하는 곳에서 음식을 먹고 생활하고 즐기는 공간으로 확장되었습니다. 우리는 점점 더 많은 시간을 주방이나 주방 바로 옆에서 보내며, 함께 식사를 하게 되었습니다. 따라서 주방은 편의와 화합을 동시에 도모하는 곳이자 효율적이면서도 매력적인 장소, 특히 기능적이면서도 장식적인 곳이 되어야 합니다.

주방은 집주인의 세심한 스타일이 두드러지는 공간입니다. 주방에는 이미 장식을 위한 소품들이 꽤 많이 있습니다. 여러분은 그것을 찾아내기만 하면 됩니다. 평범한 주방 소품으로도 집주인만의 성격과 특징을 드러낼 수 있습니다.

1. 빈티지한 도기를 철망이 달린 전통적인 모양의 찬장에 보관했다.

2. 법랑 식기류와 조리도구에는 소박한 매력이 깃들어 있다.

3. 실생활에서 자주 쓰이는 물건이지만, 이왕이면 그 멋이 가장 도드라져 보이도록 색깔과 질감을 나누어 세심하게 배치했다.

널찍한 공간의 현대적인 주방을 전통적인 방식으로 구성했다. 속이 깊은 개방형 찬장이 식사와 요리 공간에 독특함과 온기를 부여한다.

1. 전통적인 나무 그릇 꽂이 사이사이에 나무 그릇을 꽂아 따뜻한 질감을 강조했다.

2. 전혀 다른 용도의 소품도 주방에서 멋지게 활용할 수 있다. 키가 작은 커트러리를 담는 용기로 테라코타 화분을 사용했다.

3. 깊이가 넉넉한 선반에 오래된 케이크 스탠드 및 저장용 유리 그릇을 수납했다. 아래쪽에 놓인 금속제 통이 질감 대조를 이룬다.

4. 젤리 틀을 새롭게 해석하여 유리 케이스 안에 넣어 벽을 장식했다. 각 틀의 장식적인 디테일이 돋보인다.

5. 샐러리 글라스(샐러리 등의 채소 줄기를 길게 꽂아 놓는 용도로 쓰는 유리 그릇)에 금속 커트러리를 담았다. 장식적인 모양을 살리면서도 편리하다.

6. 나무 상자를 벽에 걸어 조리도구 용기로 활용했다. 상자의 꾸밈없는 선 덕분에 조리도구의 기능적인 형태가 돋보인다.

가장 좋은 소품은 역시 도자기와 유리 제품입니다. 매일 쓰는 물건이나 특별한 날에 쓰는 물건을 찬장이나 선반에 모아두면 멋진 장식이 되지요. 그렇다고 모든 소품들을 밖으로 꺼낼 필요는 없습니다. 여러분이 꺼내야 할 소품들은 그중에서도 재미있고 매력적인 것들입니다. 오래된 것과 새것을 섞어보기도 하고, 무늬가 없는 것과 있는 것을 조합해보면서 보기에도 좋고 쓰기에도 편리한 자리에 물건들을 다시 배치해보면 어떨까요.

예를 들어 색깔이 있는 항아리나 믹싱 볼 같은 주방 소품은 그 자체로 매력적인 장식품이 됩니다. 또한 저장용 항아리(옛날식 에나멜 항아리나 요즘의 밀폐용기)는 함께 모아서 수평으로 쌓아두면 보기에 좋습니다. 날카로운 모서리나 직선이 많은 주방에는 패브릭으로 부드러움을 가미하는 방법도 있습니다. 색이나 패턴이 들어간 식탁보, 냅킨, 다양한 크기와 형태의 매트를 이용해 식탁이나 간이 탁자의 밋밋한 표면에 입체감을 줄 수 있지요.

마지막으로 벽을 잘 활용해보세요. 과거에는 주방에 예술 작품을 두지 않는 관습이 있었습니다. 증기나 기름 때문에 그림이 손상될 수 있기 때문이었지요. 하지만 가스레인지 옆에 대단한 그림을 걸겠다는 것도 아니고, 비싸지 않은 판화나 사진, 포스터 정도라면 얼마든지 괜찮습니다. 이런 요소만으로도 얼마든지 주방에 생기를 불어넣을 수 있습니다.

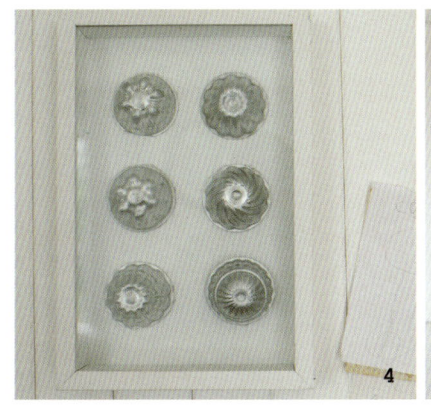

넓은 주방의 요리 공간이 상점의 커다란 카운터나 약재상의 서랍을 연상하게 하는 아일랜드 식탁으로 구분되었다. 주방의 한 면에 길게 늘어선 구리 팬부터 식탁 위에 배치된 소품들까지 옛날식과 현대식이 공존하는 주방

1. 가로대에 철망 바구니를 고리로 연결하여 같은 소재의 커트러리와 조리도구를 쓰기 쉽게 배치했다.

2. 색상으로 연결된 컬렉션. 선반의 모든 물건을 연두색과 흰색으로 통일하였다.

접시 걸이와 선반 활용하기

소박한 접시 걸이와 선반은 보기에도 좋고, 공간 활용에도 뛰어나 옛날부터 꾸준히 활용되었습니다. 요즘에는 접시 걸이가 단순히 설거지한 도자기의 물기를 말리는 용도로 쓰이지 않습니다. 접시와 그릇을 보기 좋게 배치하는 장식장으로서의 역할이 커졌습니다. 선반을 이용하면 구석이나 비좁은 공간에서도 다양한 도자기 제품들을 자유롭고 편리하게 수납할 수 있습니다.

Tip!

● 주방에는 매력적인 아이템과 그렇지 못한 아이템이 섞여 있기 마련입니다. 이럴 때는 선반과 문이 달린 찬장을 함께 이용하면 마음에 드는 것만 골라 보이도록 장식하는 것이 가능합니다.

● 선반이 지나치게 길면 지루하고 단조로워 보일 수 있습니다. 여러 층으로 나누거나 다른 가구 사이사이에 짧은 선반을 여러 개 다는 식으로 변화를 주도록 합니다.

● 접시 걸이를 꼭 싱크대 위에 달라는 법은 없지요. 찬장 위에 놓아도 멋집니다.

● 뒤로 창문이 있는 유리 선반은 장식적인 효과가 가장 큽니다. 선반과 그 위에 놓인 아이템이 마치 둥둥 떠 있는 듯 입체적으로 보입니다.

● 선반을 설치할 만한 다른 장소도 찾아보세요. 문 위, 주방의 높은 벽, 주방에서 거실로 연결된 복도 등을 활용해봅시다.

옛날부터 사람들은 유리를 신기한 물건으로 여겼습니다. 투명한 것과 불투명한 것, 단단한 것과 섬세한 것, 색이 있는 것과 없는 것 등 다양하게 가공된 유리로 화려한 소품들을 만들 수 있지요. 유리에 금박을 입히거나 그림을 그려 넣은 것, 정교한 디자인으로 주조한 독특한 분위기의 소품이 특히 인기가 좋습니다.

유리 소품

유리는 몇 천 년 전부터 만들어졌습니다. 고대 이집트, 그리스와 로마 사람들은 유리로 접시, 컵, 고블렛 술잔, 볼, 찻잔 같은 일상용품을 만들었고, 여기에 시대를 뛰어넘어 우리에게 영감을 불러일으키는 아름다운 예술작품도 많이 만들었습니다. 그들의 수준 높은 유리 공예 기법은 몇 백 년간 자취를 감추었다가 14세기 베네치아의 유리 직공들에 의해 부활하였습니다. 그리고 이때부터 기본적이고 기능적인 성격을 넘어서는 유리 작품들이 다시 나타나기 시작했습니다.

3

1. 유리 케이크 받침 위에 조개껍데기와 조약돌을 섬세하게 장식한 모습.

2. 돔형 뚜껑이 달린 빅토리아풍 유리 소품을 모던하게 연출했다. 항아리 안에 깨지기 쉽고 아름다운 조개껍데기를 넣어 이국적인 해변 분위기를 연출했다.

3. 압축 유리는 매우 다양한 디자인과 스타일로 생산된다. 특히 이 사진에서처럼 절개 장식이 있는 흰색 식탁보와 어우러질 때 그 아름다움이 더욱 돋보인다.

유리는 특별합니다. 아마도 단단함과 섬세함이라는 대조적인 특질을 동시에 가지고 있기 때문일 것입니다. 그래서 오랜 세월 디자이너들과 장인들은 유리로 아름다운 작품을 만들어내기 위한 실험을 멈추지 않았습니다. 유리는 대개 보이지 않는 곳에 두기보다는 가능한 한 눈에 잘 띄는 곳에 놓아둡니다. 만약 아름답고 오래된 유리 디캔터를 가지고 있다면 높은 천장에 올려둘 이유가 전혀 없겠지요.

또한 유리에는 놀랄 만큼 다양한 종류가 있습니다. 색유리에는 짙은 빨강색, 파란색, 녹색 등의 전통적인 색부터 19세기 이후 대량 생산된 거의 무한에 가까울 정도로 다양한 색상의 유리제품들이 있습니다. 커팅, 에칭, 음각이나 양각 조형 등 표면 처리 기법도 다양합니다. 화려하고 반짝이는 유리 소품들은 우리 삶에 환상적인 분위기를 부여합니다.

유리는 종류가 다양하고 취향이 강하게 드러나는 물건인 만큼 실내 장식에서도 중요한 역할을 합니다. 하나 혹은 여러 개를 한곳에 배치하거나, 다른 재질과 혼합하여 장식하면 공간에 유리의 시원하고 투명한 느낌을 전달할 수 있습니다. 게다가 유리 제품은 쉽게 구할 수 있어 수집하기에도 좋은 소품입니다.

4　**5**

1. 유리 잔과 촛대, 병 등을 장식장 속 꽃이나 조개껍데기 등 다양한 장식 소품과 어우러지도록 배치했다.

2. 무늬가 있는 유리 제품은 독특한 아름다움을 자랑한다. 잔과 디캔터의 표면을 절삭하는 기법은 촛불에 반짝이게 하기 위한 것이다.

3. 흔히 크랜베리 색이라고 불리는 이 자주색의 유리 제품은 전통적인 색유리로, 분홍색에 가까운 것부터 짙은 붉은색까지 다양하다. 여러 가지 형태와 스타일의 제품을 한 그룹으로 모아 배치했다.

4. 반투명한 우윳빛 유리는 다른 요소의 색상과 질감을 돋보이게 하는, 색유리 중에서도 가장 매력적인 아이템이다. 잎이 달린 가지를 꽂은 유리병과 용기들을 쟁반 위에 놓아 싱그러운 분위기를 연출했다.

5. 우아한 압축 색유리 제품에 녹색 식물을 조합했다. 간단한 방법이지만 독특하고 매력적인 구성이다.

침대 위쪽 선반에 목이 가는 병과 투명한 병, 다양한 형태와 크기의 색유리 병을 번갈아가며 한 줄로 세워두었다. 단순하면서도 효과적인 장식 방법.

모던한 느낌의 여러 가지 색유리 제품들. 값이 비싸지 않으면서도 선반에 함께 놓았을 때 독특한 분위기를 발산한다.

도자기 화병을 대량으로 모아
유리문이 달린 찬장에 보관했
다. 꽃병으로 쓸 때만큼이나
장식 효과가 뛰어나다.

인류가 맨 처음 도자기를 만들기 시작한 2000년 전부터, 장인들은 섬세한 장식 자기든 일상에서 쓰는 그릇이든 언제나 기능적이면서도 장식적인 것을 디자인하려 애썼습니다.

도자기 소품

도자기 소품은 사실 어느 집에나 있습니다. 실용적인 그릇이건, 장식적인 소품이건 주위에서 흔하게 존재하는 물건이다보니 우리는 자칫 도자기를 평범하고 지루한 소품으로만 생각하기 쉽습니다. 하지만 이는 도자기가 공간에서 발휘할 가능성을 미처 보지 못하는 것입니다. 도자기는 실용성이 높으면서도 고유의 아름다움을 지닌 소품입니다. 한 번쯤 다른 방식으로 생각을 해보면 어떨까요? 도자기 소품을 원래 있던 평범한 자리에서 치우고 마치 작품을 보듯이 새로운 시각으

중앙에 뚜껑이 있는 흰색 도자기 수프 그릇을 배치하고 유리 디캔터와 크림색 소금통, 후추통, 섬세한 컷워크 탁자보를 곁들였다.

1. 주문 제작한 선반에 독특한 패턴의 수제 도자기를 색깔에 따라 흥미롭게 배치했다.
2. 물고기 모양의 납작한 접시 위에 물고기 모양 소스 그릇을 포인트로 둔 점이 재미있다.
3. 벽 깊이 들어간 창문을 프레임으로 삼아 밝은 자연광 아래에 예술 작품처럼 배치한 세 점의 도자기.

로 바라보는 것입니다. 이러한 연습은 사실 다른 소품을 인테리어에 활용하는 데도 여러모로 유익한 방법입니다. 도자기를 바닥에 놓고 이쪽저쪽으로 돌려보세요. 그리고 어떤 공간에 어떤 아이템과 함께 조합하면 좋을지 생각해보세요. 설탕 그릇을 욕실의 탈지면 용기나 비누 받침으로 쓸 수 있듯이 각각의 도자기 소품이 집 안의 다른 공간에서 어떻게 쓰이고 놓일 수 있는지 아이디어를 내보는 것입니다. 이 항아리를 필기구 꽂이나 나무 숟가락을 꽂는 통으로 쓰면 어떨까, 하는 식으로 말이지요. 도자기 중에서도 활용하기에 더없이 좋은 종류가 있습니다. 예를 들어 납작하고 둥근 수프 대접은 꽃송이 화반이나 덩굴 재스민 같은 실내 식물을 키우는 용기로 안성맞춤입니다. 항아리는 화병처럼 꽃을 꽂아두기 좋은 아이템이고, 짝이 없는 오래된 찻잔, 그중에서도 금박 장식이 있는 것은 다른 장식 소품과 함께 테이블을 꾸미기에 좋습니다. 작은 찻주전자나 화려한 볼도 마찬가지입니다. 화려한 접시나 그릇을 하나 또는 여러 개 벽에 걸 수도 있고, 책장의 책 사이, 또는 비슷한 느낌의 다른 소품들과 함께 선반에 나란히 세워둘 수도 있지요.

1. 채소 모양으로 디자인된 독특한 앤티크 찻주전자 컬렉션. 장식을 따로 추가할 필요가 없다.

2. 나뭇가지 무늬의 얕은 수프 접시는 과일을 담기에 완벽한 소품이다.

3. 일상적으로 쓰는 공기를 색상과 무늬에 따라 아름답게 조합하여 한 곳에 쌓아 장식 효과를 냈다.

찬장의 선반에 가득 놓인 도자기
부터 창턱의 항아리와 단지까지,
이곳이 바로 도자기 천국이 아닐
까. 선반의 모든 물건들은 실제로
쓰이는 것이지만 각각의 단지, 찻
잔, 접시, 그릇 등이 가장 아름다
워 보일 수 있도록 세심하게 배
치했다.

색은 우리가 사는 공간에 언제나 즐거움을 더해줍니다. 선명한 색일수록 그 기운은 더 강렬하지요. 분주한 주방은 색채를 가미하기에 가장 좋은 곳입니다.

주방에 색감 더하기

주방은 늘 북적북적합니다. 조리대를 비롯한 각종 주방 설비가 중성적인 색을 가지고 있다면, 과일과 채소, 도자기와 유리 제품 등은 선명한 색상을 담당하고 있습니다. 그래서 주방을 톡톡 튀는 색으로 꾸미면 특별한 즐거움이 생겨납니다. 유쾌함과 따뜻함이라는, 주방이 갖추어야 할 가장 핵심적인 분위기를 연출할 수 있기 때문입니다. 독특한 합판으로 선반을 만들 수도 있고, 벽 하나를 통째로 밝은 색으로 칠할 수도 있지만, 만약 이것이 과하게 느껴진다면 작은 소품들로 살짝살짝 멋을 내보는 것도 좋습니다. 색색의 항아리와 단지, 유리병이나 쿠션, 식탁보, 냅킨 같은 패브릭으로 색을 강조해도 좋지요. 주방의 규모가 작을 때는 강렬한 색조 하나만을 정해 디테일을 살려보세요. 포인트 색상과 스테인리스 재질의 주방 설비들이 잘 어우러질 것입니다. 금속은 다른 색을 반사함으로써 전체적인 조화를 이루니까요.

1. 밝은 색의 접시들과 밝은 색의 쟁반을 한데 모아 실용성과 동시에 장식적인 효과를 냈다.

2. 값싼 소품들을 활용해 유쾌한 분위기를 연출했다. 색깔 있는 유리잔을 알록달록한 소품들과 섞었더니 그 자체로 장식적인 오브제가 되었다.

3. 모던하고 세련된 연출. 검은색 선반에 불투명한 색유리 제품과 큼직한 화병을 올려두어 색감을 강조했다.

4. 장식품과 조리 도구들을 하나의 강렬한 색상(여기서는 오렌지색)으로 선택해 안정감이 있으면서도 세련된 인상을 준다.

꽃과 식물

FLOWERS
AND PLANTS

공간에 두고 싶은 수많은 장식 소품 중에서도 가장 매력적인 것은 역시 꽃입니다. 사람들은 누구나 꽃을 좋아하지요. 계획적으로 배치하든, 자유롭게 꽂아두든 꽃을 놓는 즉시 방에는 생기가 돕니다.

꽃다발을 꽂는 방법

꽃이 없는 방은 어쩐지 생기가 없고 사랑스러움도 덜한 것 같습니다. 테이블이나 방 한구석에 소박한 봄 수선화 한 다발을 놓아보세요. 조명을 켠 것보다도 훨씬 효과적으로 방이 환해질 것입니다. 꽃 역시 인테리어 소품의 일부이기에, 다른 소품과 마찬가지로 선택하는 기준이나 배치하는 방법에 요령이 있습니다. 화려하고 거대한 꽃 장식으로 방을 가득 채우는 사람은 요즘 거

1. 작은 꽃은 그 규모에 맞게 배치하면 얼마든지 강렬한 인상을 줄 수 있다.
2. 줄기를 짧게 자른 보라색 스위트피를 보색인 라임그린색 유리 화병 가장자리에 넘쳐흐르도록 배치했다.

줄기가 긴 아치 형태의 라일락을 큰 유광
항아리에 성글게 담았다. 자유롭고 경쾌한
분위기가 느껴진다.

의 없을 것입니다. 이러한 장식은 요즘에는 주로 결혼식과 같은 전통적이고 형식적인 상황에 한정되어 쓰이지요. 추천하고 싶은 테마는 '자연스러움'입니다. 각자가 좋아하는 꽃을 자유롭게 선택하고, 이를 분위기에 맞게 자연스럽게 배치하는 것이지요. 꽃 본연의 아름다움을 강조하기 위해서 보다 단순하게, 마치 정원에서 갓 따온 듯한 느낌으로 배치하는 방법입니다. 예를 들어 길게 자른 줄기를 길쭉한 용기에 무심한 듯 꽂아두거나, 반대로 같은 종류나 같은 색깔을 지닌 꽃의 줄기를 짧게 잘라 꽉 묶은 다음 낮은 그릇에 담을 수도 있습니다. 꽃다발이 길든 짧든 중요한 것은 적절한 비례와 균형입니다. 꽃 장식에 효과적인 비율은 다음과 같습니다. 꽃의 키가 작을 때는 그 폭이 용기보다 좀 더 넓고 길이는 용기의 절반 정도면 좋습니다. 줄기가 긴 꽃은 용기나 꽃병 높이의 1.5배에서 2배 길이가 이상적입니다. 또한 값비싼 온실 재배 꽃을 한두 송이 사는 것보다는 값이 싼 제철 꽃을 몇 다발 사는 것이 훨씬 풍성해 보입니다.

1. 흰색 유광 볼에 꽃, 열매, 가지를 자연스럽고 풍성하게 꽂았다.

2. 장미 무늬 벽지를 배경으로 앤티크 설탕 그릇에 활짝 핀 라넌큘러스 꽃송이를 담았다. 분홍색의 테마가 빈티지하고 우아하다.

3. 다양한 종류의 장미를 모아 꽃의 고풍스러운 매력에 어울리는 앤티크 찻잔에 담았다.

4. 투명한 유리 화병에 꽂은 매력적인 나뭇가지가 벽 위에서 독특한 패턴을 만들어내고 있다.

5. 스위트피의 섬세한 꽃잎과 향기는 목이 가는 유리 화병처럼 좁은 공간에 배치할 때 빛을 발한다.

하나로 묶은 고전적인 노란 장미 다발과 전통적인 그림이 그려진 19세기 화병의 조합이 근사하다.

1

2

1. 커다란 꽃송이가 풍성하게 넘쳐흐르는 느낌을 주기 위해서 화병 바로 위에 꽃송이가 자리하도록 배치했다.

2. 연보랏빛 붓꽃 송이를 유리잔에 담은 다음 더 짙은 보라색의 히아신스 앞에 배치한 색채 구도가 돋보인다.

1

2

1. 노란색을 포인트로 활용한 실내에 노란 글라디올러스를 여섯 개의 다른 항아리에 넣고 거울 옆의 바닥에 배치한 모습이 감각적이다.

2. 금박이 섬세하게 들어간 찻잔에 아름다운 아네모네 꽃송이 하나씩을 넣었더니 우아한 분위기가 더해졌다.

3. 여러 가지 크기와 모양으로 이루어진 동일한 꽃병을 한데 모으고, 여기에 짧게 자른 꽃송이들을 채웠다.

경제적인 이유에서든 미적인 기준에서든 요즘은 한 송이만 꽂혀 있는 꽃이 인기가 많습니다. 덕분에 우리는 아주 손쉽게, 적은 비용으로 꽃 장식을 할 수 있습니다.

꽃 한 송이로 장식하기

꽃잎의 형태와 음영, 줄기의 모양, 이파리의 색조까지, 꽃 한 송이에 깃든 복잡함은 우리가 전체는 볼 줄 알아도 그 세부 하나하나의 아름다움은 간과하곤 한다는 사실을 일깨워줍니다. 그래서 단 한 송이만 꽂는 장식법은 미학적인 관점에서나 식물학적 관점에서나 꽃을 감상하는 좋은 방법이 되지요. 외롭게 꽂힌 꽃 한 송이는 그 자체로 드라마틱한 연출을 보여줍니다.

키가 큰 꽃이든 작은 꽃이든 한 송이라면 모두 그 자체로 단순하게 배치하는 게 좋습니다. 이는 줄기가 짧게 끊겼거나 꽃다발을 만들고 남은 꽃을 새롭게 활용할 수 있는 좋은 방법이지요. 적당한 용기에 꽃을 한 송이씩 짝지어 담는 방법을 찾아보세요.

'혼자, 그러나 여럿이.' 작은 꽃들을 큰 공간에 배치할 때, 또 줄기가 짧거나 부러진 꽃을 활용할 때 좋은 방법이다. 독특한 디자인의 화병에 담은 것도 있고 평범하고 작은 병에 담은 것도 있다. 이러한 연출법은 한데 모아서 보았을 때 감각적이고 화려한 인상을 준다.

1. 하나씩 꽂은 꽃줄기 두 개가 흥미로운 조합을 이루고 있다. 화기의 형태는 다르지만 붉은 색깔과 길쭉한 모양에서 연결성 이 나타난다.

2. 꽃 한 송이를 배치할 때 가장 큰 즐거움은 꽃에 가장 잘 어울 리는 용기를 고르는 일이다. 여기서는 꽃과 비슷한 느낌의 그림 이 있는 화병으로 짝을 맞추었다.

3. 아름다운 장미의 화려한 형태가 돋보이도록 작은 유리 화병 에 담아 시선이 꽃에 집중되도록 했다.

둘이면 친구, 다섯이면 잔치. 노란 수선화를 단순한 형태의 금속 용기에 나누어 담아 집 안에 봄을 들여왔다.

꽃을 피우는 녹색 식물을 꽃과 같은 방법으로 배치해보세요. 산뜻하고도 따뜻한 실내 분위기를 연출할 수 있습니다.

녹색 식물 활용하기

요즘은 실내에서 키우는 식물에 대한 선호도가 과거와 많이 달라졌습니다. 예전에는 짙은 색에 잎이 넓은 엽란이나 풍성한 몬스테라가 사랑받았다면, 최근에는 작은 관상용 풀이나 재스민 등 형태나 색조가 더 연하고 부드러운 식물들이 환영받고 있습니다. 그중에서도 꽃이 달린 식물은 특히 인기가 많습니다. 향기로운 히아신스, 페이퍼화이트를 비롯한 모든 종류의 수선화, 튤립, 크로커스, 무스카리 등 속성으로 재배가 가능한 꽃들은 어떤 공간이든 금새 생기와 온기를 불어넣습니다. 여러 가지 제비꽃, 팬지 등을 예쁜 용기에 담아 창가의 화단에 두면 어떨까요. 작은 꽃을 피우는 식물들을 작은 테라코타 용기에 담아서 테이블 중앙에 놓아 식사의 격조를 높여보세요. 만약 투명한 유리나 색 유리에 담는다면, 유리 사이로 보이는 흙과 이끼가 전원적인 분위기를 낼 것입니다.

1. 야생화 중에서도 가장 섬세하고 매력적인 작은 제비꽃을 무거운 금속 용기에 담아 연약한 아름다움을 강조했다.
2. 시골풍으로 엮은 주머니로 감싼 용기에 난초를 담으니 꽃의 가녀린 형태가 훨씬 돋보인다.
3. 작은 장미를 대조적인 질감을 지닌 유리 용기에 담아 장식했다. 용기에 살짝 비치는 은색 화분이 딱 적절한 정도의 차가운 품격을 자아낸다.

독특한 화병으로 꾸미기

꽃으로 집을 장식하면서 느낄 수 있는 즐거움 중 하나는 다양한 방법으로 인테리어의 디테일을 살릴 수 있다는 점입니다. 사람들이 꽃을 저절로 알아보고 감상할 수 있게끔 이리저리 배치하다보면 방의 다른 소품들까지 돋보이게 할 수 있지요. 꽃을 장식하는 방법이 보다 자유로워진 덕에 용기 선택의 폭도 이전보다 넓어졌고, 집안을 꾸밀 독특한 화병을 선택할 여지도 많아졌습니다.

거의 모든 물건이 화병이 될 수 있어요. 바구니와 상자도 매력적입니다. 방수가 안 되는 재질이라도 안에 빈 잼 병이나 깡통을 넣으면 해결됩니다. 오래된 컵이나 독특한 조미료 통도 버리지 말고 모아두면 다양한 형태와 크기의 화병으로 재활용할 수 있습니다. 머그컵, 작은 커피잔부터 커다란 찻잔까지 다양한 종류의 잔들도 눈여겨 보세요. 잔이나 컵 외에 다른 식기들을 활용하면 더욱 재밌어집니다. 수프나 샐러드를 담는 깊은 볼, 찻주전자, 뚜껑이 있는 합, 소스 그릇이나 설탕 그릇, 브랜디나 리큐어를 마시는 술잔(특히 줄기가 끊어진 꽃이나 송이가 작은 꽃에 제격입니다) 등 어느 것이나 가능합니다. 여기서 끝이 아닙니다. 깡통, 바구니, 병, 상자 등도 활용해보세요. 꽃과 용기를 짝짓는 요령은 '대조'를 강조하는 것입니다. 온실 장미를 아연 통에 담는다든가, 정원에서 딴 소박한 라일락 꽃다발을 19세기에 만들어진 화려한 화병에 담는 것 등이지요. 색과 질감의 대조를 찾아 이것저것 실험해보세요.

Tip!

● 색다른 화병을 써보기로 결정했다면 중고품 매장이나 빈티지 시장에 가보세요. 큼직한 용기들과 아연을 입힌 통, 독특한 항아리 등을 찾아봅시다.

● 요즘엔 보수력이 좋은 꽃꽂이 폼을 많이 쓰지만, 전통적인 꽃꽂이 도구로는 공 형태로 뭉친 벌집 철조망, 유리 재질의 꽃꽂이 틀(돔 형태에 구멍이 나 있는 물건으로 형태와 크기가 다양하며 꽃병 바닥에 놓습니다)이 있습니다. 빈티지 가게에 가면 투명한 화병에 잘 어울리는 독특한 매력의 꽃꽂이 틀을 찾을 수 있습니다.

● 화병과 용기는 항상 깨끗한 상태를 유지하고, 물속에 가라앉을 수 있는 잎은 전부 잘라내야 합니다. 꽃을 담근 물에 영양제를 섞어주면 생명이 훨씬 오래가지요.

나만의 수집품으로 장식하기

DECORATIVE OBJECTS
AND COLLECTION

알고 보면 우리는 모두 타고난 수집가입니다. 모든 수집품은 종류가 무엇이든 그 매력이 가장 아름답게 빛나도록 전시되어야 합니다.

수집품 배열하기

'인간은 누구나 무언가를 수집한다.' 이렇게 말하면 조금 과한 표현일지는 몰라도 우리 대부분은 오랜 시간에 걸쳐 자연스럽게 이런저런 물건을 (무의식적으로라도) 모으게 됩니다. 실용적인 물건일 수도 있고, 순전히 장식품일 수도 있지요. 사실 모든 수집품은 실내 장식이라는 주제로 해석될 수 있습니다. 즉, 하나하나가 방 전체의 분위기를 사로잡는 독특한 시각적 표현이자 소품이 될 수 있다는 뜻입니다.

먼저 자신만의 수집품이 구체적으로 어떻게 구성되어 있는지를 확인해봅시다. 무늬가 있는 직물 가방이나 목걸이 등 여러분이 좋아하는 특정한 종류의 물건 몇 가지일 수도 있고, 몇 년에 걸쳐 모은 예술품일 수도 있습니다. 반드시 어느 한 사람의 작품이어야만 하는 것도 아니며, 모든 오브제가 특정한 한 분야에 속할 필요도 없습니다. 아르데코 시기의 소품처럼 단순히 시대를 기준으로 한 컬렉션도 가능합니다. 또한 뼈, 상아, 나무, 도자기 등 소재를 중심으로 삼을 수도 있고, 나무 가공품, 유리, 비즈 공예품 등 기법을 중심으로 모을 수도 있습니다. 주제가 무엇이든 중요한 것은 수집품만의 특성을 극대화할 수 있도록 공간에 잘 배치하는 것입니다.

바닥보다 약간 높은 벤치에 나무로 된 작은 물건들을 놓았다. 받침대인 벤치와 함께 하나의 덩어리 느낌을 준다.

예술성이 강한 컬렉션이라면 그 가치를 최대한 잘 드러내는 방법으로 장식해야 한다. 이 사진에서는 조각 제품을 앞뒤가 뚫린 보관장에 배치함으로써 각 오브제가 사각 프레임 안에 놓이도록 했다.

1 　 2

수집이라는 행위는 배치의 기술과 긴밀하게 연결되어 있습니다. 사람들은 자신의 컬렉션을 잘 보이는 자리에 두어 다른 이들의 감탄을 자아내고 싶어하지요. 상자에 넣어 보이지 않는 곳에 둔 물건들이 있다면 당장 바깥으로 꺼내어 어떻게 하면 매력적으로 배치해 방 전체의 감각을 높일 수 있을지 고민해보세요.

수집품을 배치히는 스타일과 유행은 몇백 년에 걸쳐 조금씩 변화해왔습니다. 한때는 그림을 거의 천장 높이에 걸기도 했었고, 장식용 도자기나 조각 작품을 아주 밭은 간격으로 모아 아름다움과 함께 풍부함을 강조하기도 했습니다. 그러나 오늘날은 단순함이 각광받는 시대입니다. 우리는 여유 있는 공간과, 포인트를 강조하는 방식으로 배치된 가구와 물건에서 시각적인 즐거움을 느낍니다. 같은 맥락에서, 수집품을 활용한 실내 장식에서도 시각적인 균형과 오브제 사이의 여유가 중요하다고 할 수 있습니다.

수집품은 어떻게 배치하느냐에 따라서 그 매력이 완전히 달라집니다. 즉, 공간, 비례, 균형, 그리고 조명이 핵심적으로 작용합니다. 모든 수집품은 가구나 패브릭, 다른 장식 소품 등 그것이 놓인 주변 환경과 결합하여 시각적으로 아름다운 구도를 이루어야 하지요.

1. 무늬가 있는 여러 가지 앤티크 직물로 만든 가방들을 모아둔 컬렉션. 침대 위에 있는 오래된 코트 걸이를 이용해 배열했다.

2. 여러 수집품을 함께 배치할 때의 효과를 보여준다. 선반 아래에는 섬세한 유리 비즈 장신구를, 선반 위에는 비슷한 소재의 컬러풀한 유리 화병을 배치했다.

3. 다양한 크기와 연대, 소재로 이루어진 오래된 손거울을 단순하게 벽에 배치한 멋진 배치법이다. 어떤 것은 손잡이를 위로, 어떤 것은 아래로, 어떤 것은 거울 면을 앞으로, 어떤 것은 뒷면을 앞으로 배치하는 등 약간씩 배치에 변화를 주었다. 전체적으로 독특하고 흥미로운 구성이다.

일상에서 쓰는 물건에도 그 나름의 아름다움과 매력이 깃들어 있다. 나무 상자를 이용해 전통적인 도기 단지와 주전자를 재치 있게 분할하여 장식했다.

1. 옷솔, 장갑 스트레처 등 상아로 만든 앤티크 의상 도구들을 마찬가지로 앤티크한 느낌의 화장대 거울 주위에 배치했다..

2. 나무 소재의 오래된 장갑 및 부츠 틀을 바구니에 담았다. 바구니와 소품의 질감 대비가 돋보인다.

찬장 위쪽에 배치한 은색 병의 시각적인 무게감이 찬장 안
에 쌓아둔 직물, 투명한 플라스크와 균형을 이루고 있다.

흰색으로 칠한 찬장을 프레임 삼아 두 개의 컬렉션을 배열했다. 한쪽은 밝은 색, 한쪽은 어두운 색을 콘셉트로 양옆으로 배치한 모습이 무척 조화롭다.

오브제는 하나일 때보다는 여럿이 함께 있을 때 큰 효과를 내며, 공간에도 큰 영향을 미칩니다. 하나의 큰 덩어리를 이루는 수집품은 방의 다른 인테리어 요소와 대등한 위상을 가집니다. 사실 수집품의 의미는 그룹을 이루어야 성립하지요. 그러므로 각 작품 간의 관계가 돋보이도록 오브제를 한 무리로 배치하는 여러 가지 방법을 찾아보세요.

특히 크기가 작거나 시각적으로 도드라지지 않는 물건들은 다른 것들과 함께 있을 때에야 빛을 발하는 경향이 있습니다. 하지만 크기가 큰 오브제들은 숨 쉴 공간을 적절히 부여해야 합니다. 특히 장식적인 성질이 강하고 형태가 복잡한 물건일수록 공간이 많이 필요합니다. 그러므로 크기가 큰 것은 비슷한 무게를 가진 작품들과 함께 두고, 너무 강렬한 작품은 외따로 배치하여 나머지 수집품이 빛을 잃지 않게 하는 것이 좋습니다. 이 모든 것이 비례의 문제라고 할 수 있습니다.

3

1. 양각으로 장식된 흰색 단지 컬렉션. 개수가 많고 디자인이 다양하여 장식적인 효과가 크다.

2. 자연물 또는 자연에서 영향을 받은 오브제들을 나무 소재의 찬장에 모아 장식했다.

3. 직물 인쇄용 블록 컬렉션. 오래된 것들이고 전부 무늬가 다르다. 그림을 모아둔 것 같은 같은 배치가 아름답다. 블록 한 개 만으로는 이 같은 효과를 낼 수 없었을 것이다.

수집품을 활용한 장식에서는 물건을 올려놓는 표면과 바탕이 매우 중요합니다. 가령 짙은 바탕에 옅은 색 물건을 놓거나, 또는 옅은 바탕에 짙은 색 물건의 조합이 좋습니다. 바탕에 결이 있는 것도 보기에 좋습니다. 질감 대비는 전시된 작품을 지나치게 방해하지 않는 선에서 얼마든지 드라마틱한 효과를 낼 수 있습니다.

컬렉션을 둘 이상 함께 배치하는 것도 가능합니다. 단, 어디까지나 그 사이에 이야기나 시각적인 맥락이 있을 경우입니다. 각 컬렉션의 무게가 지나치게 다르다면, 예컨대 아프리카의 가면을 유리 향수병과 함께 놓으면 역효과가 나겠지요. 여러 컬렉션을 함께 전시할 때는 질감 대비에 주목해 보세요. 예컨대 딱딱한 것과 부드러운 것을 함께, 차가운 것과 뜨거운 것을 함께 조합해보는 것입니다. 물건 배치, 특히 장식물 배치의 핵심은 병렬입니다. 생각만큼 어려운 일은 아닙니다. 복잡한 기계나 공룡 뼈 같은 예외적인 경우가 아니라면, 컬렉션을 일단 한 장소에 배치해 본 다음 보는 사람들이 즐거움을 느낄 수 있는 모습이 될 때까지 이리저리 배치를 바꾸어보세요.

흰색과 붉은색이 들어간 가정용 패브릭 모음. 실생활에 쓰이는 물건이 보기에도 좋은 컬렉션이 되었다.

찬장에 수납한 가정용 패브릭 컬렉션. 실용성은 물론 장식성까지 고려하여 세심하게 배치했다.

앤티크 수프 대접의 방대한 컬렉션. 다양한 디자인이 하나하나 돋보이도록 가장 단순하고 깔끔한 스타일로 배치했다.

1. 비취빛 색조로 연결되는 도자기와 작은 풍경화를 함께 배치했다.

2. 흰 색을 띠는 두상 조각과 원형 접시들을 모았다. 전혀 다른 주제의 컬렉션이 색으로 인해 하나의 조화로운 구성이 되었다.

3. 앤티크 도기 접시를 각각의 디자인의 유사성과 차이가 잘 드러나도록 벽에 모아 걸었다.

1. 오래된 주석제 차통 컬렉션. 기발하고 통통 튀는 색상이 특징이다. 주방 선반에 한데 모아보니 유쾌한 분위기를 자아낸다.

2. 색상별·연대별로 묶은 20세기 소품 컬렉션. 선반에 선반을 겹쳐둔 방식이나 오브제들의 배치 구성이 다채로우면서도 조화롭다.

3. 유색 유리는 한데 모아둘 때 장식 효과가 커진다. 사진에서처럼 빛 속에서 형태가 돋보이도록 창문 앞에 배치하면 가장 좋다.

모자 틀처럼 철저히 기능적인 오브제도 한데 모아두면
장식 효과를 낸다. 두 개의 창문 사이, 녹색으로 칠한 벽
에 컬렉션을 배치하여 강렬하면서도 재치 있다.

흥미로운 수집품들을 모두가 볼 수 있도록 테이블 위에 배치하는 일은 즐겁습니다. 이제 찬장이나 서랍에 깊숙이 넣어두었던 소중한 물건들을 꺼낼 시간입니다.

장식 테이블 활용하기

장식 테이블 또는 비교적 작고 낮은 높이의 사이드 테이블에 오브제와 소품을 배치하는 것은 수집품을 진열하는 가장 효과적인 방법 중 하나입니다. 유명 인테리어 디자이너 데이비드 힉스는 테이블 장식을 통해 색다른 분위기를 나타낼 수 있는 스타일을 제안했습니다. 힉스가 주로 구사한 방법은 독특한 물건, 눈에 잘 띄지 않는 물건을 모아서 함께 배치하는 것이었습니다.

1. 체스판이 그려진 테이블에 그와 어울리는 색조의 물건들을 모아 배치했다. 오래된 책 두 권 위에 앉아 있는 모습의 조각품을 올려둔 것이 세심하다.

2. 여성스러움이 강조된 방에는 18세기의 초상화와 리본, 향수 등을 모아 더욱 우아한 분위기를 연출했다.

3. 고풍스럽고 흥미로운 장식 테이블이다. 책상 윗부분과 아래쪽의 평면을 두루 이용했으며, 동물 조각 컬렉션과 화려한 액자에 넣은 오래된 사진, 전등, 꽃, 무늬를 넣은 빅토리아풍 앨범이 조화를 이룬다.

회화적이라고 할 정도로 강렬하면서도 정확성이
돋보이는 구성이다. 반질반질한 탁자 위에 판화
두 장을 겹쳐 배치하고, 대형 실험용 플라스크에
덩굴 식물을 담았다. 그밖에 관계가 없는 오브제
들은 대칭적, 규칙적인 느낌을 살려 배열했다.

그는 다양한 무게와 부피를 가진 오브제들을 솜씨 있게 모아 테이블 위에 진열했고, 그 배치도 자주 바꾸어주었습니다. 심지어 매일매일 물건들을 다르게 배치하기도 했지요. 그는 방 안에 늘 무언가 새롭고, 생생하고, 재미있는 소품들을 배치하여 보는 이들에게 이야깃거리와 함께 즐거움을 전달하는 것을 목표로 삼았습니다.

어느 집이나 창고에 고이 간직해둔 독특한 물건들이 있기 마련입니다. 짝이 없는 찻잔이나 촛대, 예쁘긴 하지만 물건을 담기엔 너무 작은 상자 같은 것이지요. 우리가 그것들을 방치하는 이유는 그 물건들이 마음에 들지 않아서가 아니라 멋지게 놓아두는 방법을 도무지 알 수 없기 때문입니다. 장식 테이블 구성의 첫걸음은 그러한 물건을 끄집어내어 새롭게 관찰하는 것입니다. 그 다음 물건들을 이리저리 자유롭게 조합해보며 어떤 매력이 있는지 관찰해봅시다. 예를 들면 테두리에 금박을 입힌 오래된 커피잔과 흰색 볼과 뚜껑이 없는 흰색 주전자가 있다면 이것을 함께 묶어보고, 다른 오브제와도 함께 조합할 만한 방법을 생각해보세요. 해외여행에서 수집하거나 예전부터 집에 있었던 여러 장식적인 소품들(시계, 책, 작은 그림, 화병 등)을 테이블 위에 올려놓고 이것이 함께 모였을 때 어떤 느낌을 연출할 수 있을지 궁리해보는 것입니다.

테이블 장식이 처음이라면 일단 색상, 주제, 소재를 기준으로 하는 테마 접근법이 좋습니다. 시각적으로 통일감이 있는 그룹을 먼저 만들어보는 것이지요. 꽃과 식물, 그 밖에 화려한 모양의 열매나 조개껍데기, 화석 등 활용할 수 있는 소품의 종류는 무궁무진합니다. 다만 이때 높이, 비례, 균형이 배치의 핵심을 이루어야 합니다. 물건들을 흥미롭게 배치하는 것도 중요하지만, 한데 모인 물건들 사이에는 반드시 일정한 관계성과 조화로움이 드러나야 효과적이기 때문입니다.

한편 오브제와 더불어 중요한 것은 소품을 배치할 테이블의 표면입니다. 테이블보를 써도 좋고, 나무나 돌로 만들어진 테이블 표면을 있는 그대로 드러내는 것도 좋습니다. 또 하나의 핵심 요소는 바로 조명입니다. 소품에 직접 내리쬐는 직접 조명을 사용할 수도 있지만, 적당한 크기의 전등이나 촛대를 이용해 공간에 여러 가지 분위기를 부여할 수도 있습니다.

조화롭게 꾸민 장식 테이블은 공간에 활력을 주고, 전체적인 인테리어의 포인트 역할을 합니다. 뿐만 아니라 방의 모서리에 배치하면 공간 구석구석으로 사람들의 시선을 이끄는 역할을 합니다. 또한 의자나 소파 곁에 놓인 장식 테이블은 주변의 멋진 가구를 더욱 돋보이게 합니다.

코끼리와 낙타 조각, 타지마할 모형으로 동양적인 색채를 가미해 편안하고 친밀한 분위기의 장식 테이블을 연출했다. 책을 높이 쌓아 조각의 형태를 강조한 것이 눈에 띈다.

균형과 비례에 신경을 써서 장식한 테이블. 소품을 연결하는 주제는 특별히 두드러지지 않지만, 조화로운 비례감이 돋보인다.

1. 투박하고 자유로운 분위기의 테이블 장식. 빈티지한 탁자에 그와 어울리는 소박한 도기, 말린 과일, 꽃, 검은색 프레임의 거울 등의 소품들을 모아 장식했다.

2. 섬세하고 아름답게 장식된 사이드 테이블. 원형 탁자 위에 오래된 거울, 실과 얼레, 꽃을 꽂은 와인 병, 오래된 항아리에 담은 다양한 조개껍데기 등을 자유롭게 배치했다.

창문 아래 공간은 장식 테이블을 놓기에 더없이 훌륭한 장소이다. 키가 작은 탁자에 녹슨 닻과 앨범, 크기가 다른 화분 두 개를 배열해 자연스러운 느낌을 강조했다.

그리 크지 않은 공간이지만 기발한 아이디어로 액세서리를 수납한 사례다. 침실 벽에 금속 인체 모형을 여러 개 걸고 비즈와 조화를 장식했다.

액세서리는 실용적인 장신구이자 예술품입니다. 이렇게 아름다운 물건을 보이지 않는 곳에 숨겨두어서야 안 되겠지요. 걸 수 있는 모든 곳에 비치해보세요.

보석과 액세서리

보석과 액세서리가 아름다운 이유이자 우리가 그것들을 좋아하는 이유는 결국 그것들이 아무짝에도 쓸모 없기 때문이지 않을까요? 액세서리는 사람들을 아름답게 해주기 위해 존재하며 착용한 사람과 보는 사람 모두에게 즐거움을 줍니다. 장신구의 역사는 인간의 역사와 거의 동시에 시작되었는데, 중석기 시대에 이미 조개껍데기 장신구가 쓰였다고 합니다. 또한 고대 이집트와 그리스 사람들은 금, 유리, 돌, 에나멜 등을 이용해 현재의 우리가 봐도 놀랄 정도로 아름다운 팔찌와 반지, 목걸이, 귀걸이를 만들었습니다. 반짝이는 것을 보면 무조건 끌리는 걸 보면 우리에게는

1. 앤티크 패브릭으로 싼 쿠션에 브로치 컬렉션을 꽂았다. 직물의 색에 맞추어 세심하게 선택된 것이다.
2. 벽의 전등 받침을 이용해 비즈 목걸이를 효과적으로 수납했다.
3. 현대적인 반지꽂이 장식이다. 은반지 컬렉션과 폭이 정확히 맞는 금속 원뿔 틀을 이용했다.

까마귀와 비슷한 유전자가 있는지도 모르겠습니다. 인간은 때론 위험하다 싶을 정도로 보석에 탐닉하지요.

기본적으로 액세서리는 패션 소품이지만, 집을 장식하는 소품으로도 얼마든지 활용할 수 있습니다. 견고한 상자에 소중히 보관해야 하는 값비싼 액세서리들을 말하는 것이 아닙니다. 액세서리를 인테리어에 활용하는 경우에는 일상적이면서도 살짝 특별해 보이는 오브제를 골라 장식해주는 정도가 좋습니다. 예컨대 모조 진주나 비즈 액세서리를 전등갓 위나 화병의 목, 선반 가장자리, 블라인드 아래쪽 등에 비치해보는 것입니다. 크고 단단한 액세서리는 테이블 위에 올려놓기만 해도 좋은 장식 소품이 됩니다. 흰색 장미를 꽂은 화병이나 세밀화 액자 옆에 은팔찌을 쌓아두어도 멋지게 어울립니다.

우리가 액세서리를 서랍이나 상자에만 보관하다보면, 어디에 무슨 물건이 있었는지 잊어버리게 되는 일이 종종 있습니다. 그렇다면 눈에 띄는 곳에 액세서리를 전시하여 보관하는 '장식 수납'을 고려해보세요. 고리에 비즈 액세서리를 걸어두거나, 나뭇가지 모양의 귀걸이 거치대나 손 모형(유리와 도자기 재질의 것이 있습니다)에 반지를 꽂아두는 것입니다. 귀고리와 브로치는 바늘꽂이나 작은 방석에 꽂아두면 좋습니다. 보석과 장신구는 따로따로 있을 때보다 한데 모여 있을 때 더 빛이 나고 근사해 보입니다. 여러분의 소중한 물건은 쓰기만 하는 것이 아니라 감상할 수도 있습니다.

1. 장신구를 주제로 하여 여성미를 한껏 강조했다. 모조 보석과 금박을 입힌 다구를 모아 장식했다. 찻잔에는 목걸이를 걸쳤고, 주전자 입구에는 반지를 끼웠다.

2. 동양적인 나무 모양 장식(주로 장미 석영과 같은 준보석으로 만든다)의 가지 부분에 귀고리를 한 쌍씩 걸어 장식성을 더했다.

3. 19세기에는 길쭉한 손 모양으로 된 큰 장신구 거치대가 크게 유행했다. 빈티지한 손 모양 거치대에 뱅글과 팔찌를 장식했다.

4. 드레스룸의 거울 틀은 비즈와 목걸이를 장식하고 수납하기에 더없이 좋은 위치다. 여기에 꽃을 추가해 화려함을 더했다.

1

2

3

4

받침대 위에 강렬한 형태의
독특한 산호를 푸른빛의 디
른 소품들과 함께 배치하여
바다의 느낌을 강조했다.

화석, 조개껍데기, 산호, 조약돌까지 각종 자연 오브제의 아름다움과 신비로움은 언제나 우리를 감탄하게 합니다. 그래서 많은 사람들이 자연물로 된 수집품에 끌리는 것인지도 모르겠습니다.

조개껍데기와 자연 오브제

자연과학의 인기가 정점에 달했던 18세기 계몽주의 시대에는 탐험을 위한 원정이 유행하여 사람들이 세계 이곳저곳을 여행하고 이국적인 식물, 광물, 조개껍데기, 화석 등의 스케치와 표본을 들고 유럽으로 돌아왔습니다. 당시 수집가들은 자연에 대해 더 잘 알고 싶어 하는 욕망으로 이국적인 자연 소품을 모은 '호기심 박물관'이라는 컬렉션을 만들었지요. 그러한 호기심은 지금까지도 이어지고 있습니다. 우리는 조개껍데기, 반질반질한 조약돌, 수천 년 전의 화석 무늬가 그대로 보존된 이파리에 감탄하고 그런 소품들을 집 안에 두고 장식합니다. 이와 같은 자연 소품은 그 독특한 아름다움을 가까이에서 감상할 수 있도록 눈높이 근처에 배치하는 것이 가장 좋습니다.

이보다 더 단순할 수 없다. 바닷물에 둥글게 닳은 조약돌들을 창틀에 한 줄로 세워두었다. 하나하나 자세히 바라보고 손으로 만져볼 수 있는 위치이다.

1

2

3

1. 돌 조각으로 만든 뗏목. 반질반질한 조약돌 두 개와 비바람에 씻긴 유목 조각을 함께 배치했다.

2. 단순할수록 아름답다. 회색 유광 접시에 여러 색조의 조약돌과 납작한 가리비 껍데기를 담았다.

3. 볼에 조개껍데기를 가득 담았다. 욕실이나 식탁에 둔다면 보는 재미가 있을 것이다.

4. 정교한 무늬의 암모나이트 두 개. 보드에 부착한 화석 잎사귀. 특별히 고른 조약돌로 마린풍의 분위기를 강조했다.

5. 욕실 선반 속 목욕 소금과 향수 사이에 성게 껍데기와 조개껍데기를 담은 단지들을 장식했다.

4

5

삭구까지 다 갖춘 아름다운 나무 돛단배를 커튼 없는
창 앞에 놓아 복잡한 구조를 가장 잘 볼 수 있게 했다.

아이 침실의 한구석을 바다 관련 소품으로 꾸몄다. 벽에는 고기잡이 배를 걸었고, 창틀에는 조각과 그림으로 배 모양을 낸 단순한 나무토막을 두었다.

"다시 바다로 가야겠네, 그 외로운 바다와 하늘로. 나에게 필요한 것은 키 큰 배 한 척과 길잡이 별 하나와 돌아치는 키와 바람의 노래와 하얀 돛의 펄럭임과 수면의 잿빛 안개와 밝아오는 잿빛 새벽."

배와 항해를 주제로 한 소품

존 메이스필드의 유명한 시 〈바다를 사랑하여Sea Fever〉에서 시인은 많은 이들이 바다에 품고 있는 낭만적인 감정을 노래합니다. 우리는 어렸을 때부터 욕조에 띄우는 장난감 배부터 병 속에 들어 있는 신기한 배 모형까지 바다와 관련한 다양한 소품들을 모으게 되지요. 크고 작은 멋진 배들은 앤티크 숍 혹은 현대의 소품 가게에서 살 수 있습니다. 그중에는 가보로 삼아도 될 정도로 귀중한 소품들도 많습니다. 욕실에만 두기에는 아까울 정도지요. 먼 바다를 연상하게 하는 물건들을 배치할 때 단 한 가지 피해야 할 점은 자칫 '놀이공원' 스타일이 되지 않도록 주의해야 한다는 것입니다. 바다와 관련된 모든 물건은 절제된 아름다움과 기능적인 아름다움을 가지고 있으므로, 함께 두기보다는 하나씩 따로따로 둘 때 가장 돋보입니다.

낚시꾼이라면 미끼와 찌의 아름다움을 잘 알 것이다. 단순한 나무토막에 걸어둔 찌 컬렉션이 예술 작품 같다.

아름다운 형태가 돋보이는 나무 노 한 쌍과 간단하게 만든 나무배, 돛을 활짝 편 돛단배의 흑백사진. 화려하진 않지만 집 안에 바다를 들여오는 데 충분하다.

어떤 사람에게는 행복했던 어린 시절을 떠올리게 하는 물건이고, 누군가에게는 장난감 제작자들의 솜씨와 상상력을 보여주는 예술 작품입니다.

빈티지 장난감 모으기

빈티지 장난감의 매력은 어른과 아이를 가리지 않습니다. 특히 뜻밖의 장소에서 마주치는 오래된 장난감은 그 매력이 각별합니다. 흔들 목마, 의자 위에 놓인 빈티지 인형, 선반 위의 작은 납 인형들, 특별한 테마가 있는 캐릭터 제품이나 유명 작가들의 장난감 컬렉션까지. 이 모든 소품들이 사람들의 눈을 사로잡고 공간에 재미를 더해줍니다. 그중에서도 빈티지 장난감, 특히 손으로 만든 것들은 조각 작품의 느낌을 가지고 있어 다른 예술작품들처럼 얼마든지 멋지게 배치할 수 있습니다. 여러분이 가진 장난감을 모아 섬세하게 장식해보세요. 단, 이때 너무 귀여움만을 강조하지는 마세요. 장난감도 진지한 장식 소품으로서 부족함이 없으니까요.

1. 빈티지 장난감의 가장 큰 매력은 단순한 형태에 있다. 사진에서처럼 몇 가지를 한데 모아 배치하면 매력이 배가 된다.

2. 비교적 최근에 만들어진 장난감도 얼마든지 매력적인 오브제. 멕시코 인형과 마트료시카 인형을 함께 묶었다. 재미 있고 감각적인 조합이다.

3. 세월의 흔적이 그윽하게 묻어 있는 오래된 흔들 목마는 사람들에게 어린 시절의 향수를 자아낸다.

4. 지금도 쓰이는 빈티지 장난감이다. 바닥에 놓인 튼튼한 나무 성벽부터 손때 묻은 카트 위의 강아지 인형, 옛날식 북까지 모든 오브제가 독특한 개성을 나타낸다. 이런 물건을 창고에 숨겨둔다면 무척 아까울 것이다.